# 반려동물
## 행동지도사 2급

### -제1회 모의고사-

KB086260

| 성 명 | | 생년월일 | |
|---|---|---|---|
| 문항 수 | 100문항 | 점 수 | _____ / 100점 |

## 01 반려동물 행동학(20문항)

**1.** 다음 중 동물행동에 영향을 끼치는 요소가 아닌 것은?

① 먹이사슬
② 유전
③ 학습
④ 적응도

**2.** 성격에 따라 소형견 품종을 분류할 때 나머지 셋과 다른 하나는?

① 테리어
② 말티즈
③ 푸들
④ 비숑 프리제

**3.** 기능에 따라 구분할 때 실내견이 아닌 품종은?

① 그레이 하운드
② 슈나우져
③ 코커 스패니얼
④ 보스턴 테리어

**4.** 다음 중 장난을 즐기고 활동량이 많으며, 원래는 물에 빠진 오리 등을 건져내는 조렵견이었던 품종은?

① 비글
② 푸들
③ 셰퍼드
④ 시베리안 허스키

**5.** 반려견의 행동발달 단계에서 신생아 시기에 관한 내용으로 옳지 않은 것은?

① 충분한 수면을 통해 체온 유지, 영양 공급, 신경계 발달 등이 이뤄진다.
② 신생아 시기는 생후부터 눈을 뜨기까지 대략 2주간이다.
③ 스스로 배변이 가능하다.
④ 자극 등에 반응하는 것이 가능하다.

**6.** 다음 중 학습의 단계를 순서대로 나열한 것은?

① 유창 → 습득 → 일반화 → 유지
② 습득 → 유창 → 일반화 → 유지
③ 습득 → 일반화 → 유창 → 유지
④ 유창 → 일반화 → 습득 → 유지

**7.** 다음 중 동물이 성체가 되어도 유체의 많은 부분을 유지하고 생식기만 성숙하여 번식하는 현상을 무엇이라고 하는가?

① 촉각성숙
② 무형성숙
③ 유형성숙
④ 감정성숙

**8.** 모량이 풍부한데다가 직모인 이중모로 타 장모종과 달리 털이 몸에 붙지 않으며 붕 떠서 솜뭉치와 같은 외모가 특징인 품종은?

① 시츄
② 포메라니안
③ 닥스훈트
④ 푸들

9. 개들의 청각을 통한 커뮤니케이션(의사소통)에 관한 설명으로 적절하지 않은 것은?

① 주어진 상황에 따라 짖는 방법 및 강도 등이 달라질 수 있다.
② 단거리 의사소통에 보다 효과적이다.
③ 전달하고자 하는 내용에 따라 시각적인 의사소통의 신호가 추가되기도 한다.
④ 소리를 내는 방법에 따라 근거리 또는 중거리 소통이 가능하다.

10. 다음 중 영국에서 태어나 잉글랜드 북쪽의 요크셔 지방에서 쥐를 잡기 위해 개량된 품종은?

① 요크셔 테리어
② 웰시코기
③ 페키니즈
④ 보더콜리

11. 다음 중 프랑스어로 '곱슬곱슬한 털'이라는 의미로 프랑스와 벨기에에서 반려견으로 각광받은 품종은?

① 시츄
② 퍼그
③ 비숑 프리제
④ 프렌치 불도그

12. 반려견의 감정신호에 관한 내용으로 적절하지 않은 것은?

① 반려견의 내부적 상태 및 감정으로부터 표출되는 일종의 바디랭귀지이다.
② 반려견이 어떠한 소리에 집중하거나 경계를 할 경우 귀는 전방으로 향하게 된다.
③ 반려견의 꼬리 표현은 우호적인 상황에서 보이는 행동이다.
④ 선제공격의 위협을 가할 때 눈을 크게 뜨고 날카롭고 표정이 없으며 냉담하고 긴 시간 동안 직시한다.

13. 다음 중 반려견의 의사표현과 그 의미를 잘못 연결한 것은?

① 킁킁거리며 바닥이나 문을 긁는다. – 두려움/공포
② 땅을 파거나 물건을 잡아당긴다. – 지루함/심심함
③ 목 주위 털을 빳빳이 세운다. – 경계심/화남
④ 짖으며 안전한 장소로 후퇴한다. – 소심/겁이 많음

14. 개의 스트레스 주요 증상으로 보기 어려운 것은?

① 눈을 제대로 뜨지 않거나 시선을 회피한다.
② 자신의 꼬리를 잡으려고 빙글빙글 돈다.
③ 내부 소음에 유난히 크게 반응한다.
④ 귀가 뒤로 젖혀져 있다.

15. 다음 중 상대적으로 털이 많이 빠지는 품종으로 보기 어려운 품종은?

① 웰시코기
② 리트리버
③ 슈나우저
④ 포메라니안

16. 다음 중 실내에서 키우기 용이한 반려견으로 보기 어려운 품종은?

① 말티즈
② 달마시안
③ 브리타니 스패니얼
④ 시츄

**17.** 다음 중 국제 공인 견종에 따른 5그룹(스피츠 및 프리미티브 타입)에 속하는 견종이 아닌 것은?

① 진돗개
② 알라스칸 말라뮤트
③ 차우차우
④ 오스트레일리언 셰퍼드

**18.** 하운드 견종에 대한 설명으로 적절하지 않은 것은?

① 활동공간이 있는 넓은 마당 등이 있는 곳에서 키우는 것이 적절하다.
② 자신의 주인에게는 절대적으로 복종하는 특징을 지닌다.
③ 하운드 견종은 사냥견으로 많은 운동량을 필요로 한다.
④ 냄새 또는 시야의 확보를 통해 사냥하는 견종이다.

**19.** 양 또는 가축 등을 모으고 보호하는 목축 및 목양 관리 목적의 견종이 속한 그룹은?

① 5그룹
② 4그룹
③ 1그룹
④ 7그룹

**20.** 물건을 던지면 개가 쏜살같이 달려가 물어오는 모습을 볼 수 있는데, 이러한 습성을 무엇이라고 하는가?

① 사냥본능
② 경계본능
③ 복종본능
④ 귀소본능

## 02 반려동물 관리학(20문항)

**1.** 다음 중 동물의 신체 구성 단계를 순서대로 나열한 것은?

① 조직 → 세포 → 기관 → 기관계 → 개체
② 세포 → 기관 → 기관계 → 조직 → 개체
③ 세포 → 조직 → 기관 → 기관계 → 개체
④ 조직 → 기관계 → 기관 → 세포 → 개체

**2.** 다음 중 개의 척추와 그 수의 연결이 바르지 않은 것은?

① 천추 – 3개
② 경추 – 9개
③ 요추 – 7개
④ 흉추 – 13개

**3.** 다음 중 개의 안면을 이루는 뼈에 해당하지 않는 것은?

① 절치골
② 누골
③ 서골
④ 구개골

**4.** 〈보기〉가 설명하는 개의 신경계로 옳은 것은?

> ─── 보기 ───
>
> • 두정엽, 전두엽, 측두엽, 후두엽, 변연엽 등으로 구분
> • 좌우 반구는 교량에 의해 서로 연결

① 중뇌
② 대뇌
③ 소뇌
④ 간뇌

**5.** 괄호 안에 들어갈 말로 가장 적절한 것을 고르면?

> 개의 경우 단맛과 짠맛을 혀의 앞쪽 (      ) 부분에서 느낀다.

① 1/10
② 1/4
③ 1/2
④ 2/3

**6.** 개의 감각기관 중 동공의 크기를 조절해 눈에 들어오는 빛의 양을 조절하는 기관은?

① 홍채
② 망막
③ 각막
④ 안방수

**7.** 개의 치아구조에서 혈관 및 신경이 분포되어 있어 치아 성장에 필요한 것은?

① 시멘트질
② 상아질
③ 치아수
④ 에나멜질

**8.** 개의 소화기관의 하나인 대장에 대한 설명으로 옳지 않은 것은?

① 결장의 길이는 대략 50 ~ 130cm이다.
② 결장은 가로결장, 오름결장, 내림결장 등으로 분류된다.
③ 맹장은 짧고 끝이 막힌 관이다.
④ 직장은 결장에 이어지는 대장의 끝부분이다.

**9.** 개의 감각기관에 대한 설명으로 적절하지 않은 것은?

① 동물의 체취 또는 아주 깊이 숨겨진 마약 등 사람이 구분하지 못한 부분을 개는 후각을 활용해 찾아낼 수 있다.
② 통상적으로 개는 귀 뒷부분, 목, 허리 부분 등을 만져주면 좋아하는데 이는 스스로 긁을 수 없는 부분이기 때문이다.
③ 개는 색상 구분을 도와주는 세포 수가 많아 색상을 세밀하게 관찰하고 구별할 수 있는 능력이 높다.
④ 개는 명암을 구분하는 세포 수가 많아 어두운 곳에서 물체의 윤곽을 용이하게 구별할 수 있다.

**10.** 다음 중 개의 발바닥 쿠션에 관한 설명으로 옳지 않은 것은?

① 개의 신체에서 땀이 분비되는 곳이다.
② 재생능력이 뛰어나다.
③ 피부의 각질층이 두꺼워진 것으로, 발에 미치는 충격을 완화시켜 준다.
④ 견종 또는 털의 컬러에 따라 분홍색에서부터 검은색까지의 다양하다.

**11.** 개의 비뇨기계에 관한 내용 중 옳지 않은 것은?

① 요도는 소변을 몸 밖으로 배출하는 역할을 한다.
② 암컷의 요도는 수컷에 비해 길다.
③ 방광은 소변을 일시적으로 저장한다.
④ 개의 요관 길이는 대략적으로 12 ~ 16cm 정도이다.

**12.** 주로 눈물, 침, 콧물 등을 통해 전파되는 반려견 질환은?

① 파보바이러스
② 디스템퍼
③ 코로나 바이러스 장염
④ 파라 인플루엔자 기관지염

**13.** 주로 개의 항문 주변에 기생하며, 벼룩 등이 매개가 되어 감염시키는 질환은?

① 조충증
② 구충증
③ 회충증
④ 편충증

**14.** 개에게 나타나는 질환 중 심장 근육이 비대해지거나 탄력이 떨어지고 확장되어 나타나는 질환은 무엇인가?

① 심근증
② 폐렴
③ 광견병
④ 폐동맥 협착증

**15.** 반려견 질환 중 하나인 위염에 대한 설명으로 옳지 않은 것은?

① 위의 점막에 염증이 발생해 나타나는 질병이다.
② 급성 위염의 경우 호전율이 좋은 편이다.
③ 항생제 등을 처방과 동시에 식이요법도 병행해야 한다.
④ 통상적으로 위염은 식욕부진으로 인해 마르는 형태로 나타난다.

**16.** 꽃가루, 먼지 등 알레르기를 유발시키는 물질에 의해 과민 반응이 발생하는 피부질환은 무엇인가?

① 개선충증
② 부신피질 기능항진증
③ 아토피성 피부염
④ 지루증

**17.** 다음 중 대형견의 정상적인 맥박 수로 옳은 것은?

① 60 ~ 90회/분
② 70 ~ 100회/분
③ 80 ~ 110회/분
④ 90 ~ 120회/분

**18.** 다음 중 개의 고혈압 원인으로 보기 어려운 것은?

① 갑상샘 기능항진증
② 말초혈관의 확장
③ 부신피질 기능항진증
④ 당뇨병

**19.** 강아지의 신체충실지수(BCS)에서 이상적 체중에 해당하는 단계는?

① BCS 1
② BCS 2
③ BCS 3
④ BCS 5

**20.** 반려견 미용에서 귀의 시작부에서부터 1/2 정도를 클리핑하는 견종은?

① 코커 스패니얼
② 치와와
③ 푸들
④ 골든 리트리버

**03** 반려동물 훈련학(20문항)

**1.** 인간과의 만남, 사물 및 환경 등에 관한 적응을 하는 훈련으로 개의 성격 및 무난한 사회성을 기르기 위한 반려견 훈련을 무엇이라고 하는가?

① 중등 훈련
② 기초 훈련
③ 조기 훈련
④ 고등 훈련

**2.** 다음 중 반려견 교육규칙에 대한 내용으로 바르지 않은 것은?

① 컨디셔닝이란 개에게 특정한 조건에 반응을 보이거나 익숙해지게 하는 훈련을 의미한다.
② 훈련 시간이 재미있고, 흥미를 가질 수 있게 해야 한다.
③ 훈련 시 명령어, 수신호 등은 동일해야 한다.
④ 훈련시간은 1시간을 넘겨서는 안 된다.

**3.** 본래 보상이 아닌 본래 보상과 함께 주어짐으로써 강화인자로 작용하는 2차적 보상은?

① 강화의 타이밍
② 이차적 강화인자
③ 플러스 강화
④ 강화스케줄

**4.** 다음 중 반려견의 본능적인 강화체가 아닌 것은?

① 장난감
② 위험회피
③ 번식
④ 음식

**5.** 반려견 훈련의 기술에서 개가 능동적으로 자연스럽게 하는 행동을 표시하고 강화하는 과정을 무엇이라고 하는가?

① 캡쳐링
② 몰딩
③ 타게팅
④ 루어링

**6.** 반려견 교육의 각 단계에 대한 설명으로 옳지 않은 것은?

① 습득화 단계 – 반려견이 행동을 처음으로 익히는 단계
② 유창화 단계 – 보상을 기대하나, 반려견 스스로 행동이 일어나지 않는 단계
③ 일반화 단계 – 다양한 환경에서도 지시에 의해 행동이 나타나는 단계
④ 유지화 단계 – 학습된 행동으로 인해 계속적인 교육을 하는 단계

**7.** 다음 중 리드 줄 트레이닝의 응용 방법으로 적절하지 않은 것은?

① 반려견과 함께 이동하면서 문제의 원인이 되는 것을 차단한다.
② 이동할 때 반려견이 원하는 방향으로 이동한다.
③ 반려견이 옆에서 잘 따라오면 냄새를 맡을 수 있도록 줄을 느슨하게 풀어준다.
④ 사람의 보폭에 맞춰 따라오도록 유도한다.

**8.** 훈련 도구 중 하나인 리드 줄은 길이에 의해 그 용도가 다르다. 원거리의 대기 훈련 등에 활용하며 훈련 경기 대화의 규정 리드 줄의 길이는?

① 5m
② 7m
③ 10m
④ 15m

**9.** 다음 중 반려견 풍부화 5가지 요소로 옳지 않은 것은?

① 사회적 요소
② 환경적 요소
③ 감각적 요소
④ 경제적 요소

**10.** 반려견 훈련 중 '이름 인식' 교육 방법에 대한 내용으로 옳지 않은 것은?

① 반려견의 이름을 부를 때에는 높고 밝은 목소리로 불러주고, 가까이 오면 간식으로 칭찬한다.
② 반려견이 이름을 불러서 왔을 때는 보상을 해 주지 않거나, 싫어하는 행동을 해서는 안 된다.
③ 시간과 장소를 가리지 말고 수시로 반려견의 이름을 다정하게 불러준다.
④ 반려견의 이름을 부른 뒤에는 '잘했어', '좋아' 등의 말을 붙인다.

11. 다음 중 반려견이 싫어하는 리더(보호자)의 행동이 아닌 것은?

① 고정적인 생활패턴으로 반려견과 오랜 시간을 보내는 행동

② 반려견이 잘못하면 소리치거나 또는 체벌 등을 통해 반려견을 대하는 행동

③ 가족 구성원끼리 큰 소리로 싸우거나 말다툼하는 행동

④ 기분 상태에 따라서 반려견을 대하는 태도 또는 감정 등이 달라지는 행동

12. 다음 중 반려견의 이상행동에 해당하지 않는 것은?

① 고유의 행동을 보이지 않는 경우

② 동물 종으로서 본래 갖고 있지 않은 행동을 하는 경우

③ 고유의 행동의 표현이지만, 행동의 빈도와 강도가 비정상적으로 높거나 낮은 경우

④ 특정 행동을 문제시하는 사람이 존재하는 경우

13. 가정 내에서 서로의 우열관계에 대한 인식이 부족하여 일어나는 개들 간의 공격행동 또는 집 밖에서 위협이나 해를 가할 의지가 없다고 생각되는 타견에게 보이는 공격행동을 무엇이라고 하는가?

① 아픔에 의한 공격행동

② 영역성 공격행동

③ 동종 간 공격행동

④ 포식성 공격행동

14. 보호자가 없을 때 보이는 쓸데없이 짖기 또는 멀리서 짖기, 파괴적 행동 등과 같은 생리학적 증상은?

① 불안 기질

② 공포증

③ 파괴증

④ 분리불안

15. 반응을 일으키기에 충분한 강도의 자극을 반려견으로부터 반응이 일어나지 않게 될 때까지 반복하는 행동 교정법은?

① 탈감작

② 인식개선

③ 홍수법

④ 순화

16. 다음 중 핸들러 용어에 관한 설명이 바르게 연결되지 않은 것은?

① 쇼턴(show turn) - 개를 축으로 해서 작게 원을 돌며 핸들러는 바깥 원으로 약간의 스피드를 내며 도는 방법

② 스택킹(stacking) - 쇼 링에서 개가 가장 잘 보일 수 있는 자세로 세우는 작업

③ 도그(dog) - 통상적으로 개를 의미하며 수컷을 가리키는 경우

④ 보드(board) 보딩(boarding) - 삐삐소리 등의 음을 내는 장난감의 총칭

**17.** 다음 중 공에 줄이 달려 있어서 개가 공을 활용해 더미 놀이를 할 수 있으며 동시에 공을 용이하게 조절할 수 있는 공은?

① 찰고무공  ② 라텍스 공

③ 자석 공  ④ 스테인리스공

**18.** 일반적으로 개들에게 3단계의 공간적, 거리 영역이 있는데 이에 해당하지 않는 것은?

① 안전영역  ② 경계영역

③ 공포영역  ④ 불안영역

**19.** 긍정강화 교육 중 개에게서 특정 강화물을 제거하는 것을 무엇이라고 하는가?

① 부정 강화  ② 벌

③ 소거  ④ 정적 강화

**20.** '이리와' 교육 방법에 대한 내용으로 옳지 않은 것은?

① 자리를 멀리 이동하면서 강아지 이름을 불렀을 때 강아지가 잘 따라오는지 확인하고, 잘 따라오지 않을 경우 간식으로 유인한다.

② 이름을 부를 때 잘 따라온다면, 강아지에게 등을 보인 채 이름을 불렀을 때 바로 보호자 앞으로 오는지 확인한다.

③ 간식으로 유도하지 않은 상황에서 불렀을 시에 강아지가 바로 온다면 아낌없이 칭찬을 해주고 간식으로 교육을 마무리한다.

④ 어깨와 허리를 약간 숙인 상태에서 양팔을 벌리며 강아지 이름을 부르는데, 이때 손을 강아지 쪽으로 내밀면 안 된다.

## 04 직업윤리 및 법률(20문항)

**1.** 「동물보호법」 제2조 정의에 대한 설명으로 옳지 않은 것은?

① '기질평가'는 동물의 건강상태, 행동 양태 및 소유자 등의 통제능력 등을 종합적으로 분석하여 평가 대상 동물의 공격성을 판단하는 것을 말한다.

② '동물실험시행기관'은 동물실험을 실시하는 법인·단체 또는 기관으로서 대통령령으로 정하는 법인·단체 또는 기관을 말한다.

③ '반려동물'은 반려의 목적으로 기르는 개, 고양이 등 대통령령으로 정하는 동물을 말한다.

④ '동물 학대'는 동물을 대상으로 정당한 사유 없이 불필요하거나 피할 수 있는 고통과 스트레스를 주는 행위 및 굶주림, 질병 등에 대하여 적절한 조치를 게을리하거나 방치하는 행위를 말한다.

**2.** 「동물보호법」상 농림축산식품부 장관은 동물의 적정한 보호·관리를 위하여 몇 년마다 동물복지종합계획을 수립·시행하여야 하는가?

① 2년  ② 3년

③ 4년  ④ 5년

**3.** 「소비자기본법」상 소비자의 기본적 권리에 대한 설명으로 옳지 않은 것은?

① 합리적인 소비생활을 위하여 필요한 교육을 받을 권리

② 소비자 스스로의 권익을 증진하기 위하여 단체를 조직하지 않고 활동할 수 있는 권리

③ 안전하고 쾌적한 소비생활 환경에서 소비할 권리

④ 물품 등을 선택함에 있어서 필요한 지식 및 정보를 제공받을 권리

**4.** 「소비자 기본법」상 사업자의 책무에 관한 설명으로 옳지 않은 것은?

① 사업자는 소비자의 개인정보가 분실·도난·누출·변조 또는 훼손되지 아니하도록 그 개인정보를 성실하게 취급하여야 한다.

② 사업자는 물품 등의 하자로 인한 소비자의 불만이나 피해를 해결하거나 보상하여야 하며 단, 채무불이행 등으로 인한 소비자의 손해는 배상하지 않아도 된다.

③ 사업자는 소비자에게 물품 등에 대한 정보를 성실하고 정확하게 제공하여야 한다.

④ 사업자는 물품 등으로 인하여 소비자에게 생명·신체 또는 재산에 대한 위해가 발생하지 아니하도록 필요한 조치를 강구하여야 한다.

**5.** 「수의사법」 제2조 정의에 대한 설명으로 옳지 않은 것은?

① '동물'은 소, 말, 돼지, 양, 개, 토끼, 고양이, 조류(鳥類), 꿀벌, 수생동물, 그 밖에 국무총리령으로 정하는 동물을 말한다.

② '동물보건사'는 동물병원 내에서 수의사의 지도 아래 동물의 간호 또는 진료 보조 업무에 종사하는 사람으로서 농림축산식품부 장관의 자격 인정을 받은 사람을 말한다.

③ '수의사'는 수의 업무를 담당하는 사람으로서 농림축산식품부 장관의 면허를 받은 사람을 말한다.

④ '동물진료업'은 동물을 진료하거나 동물의 질병을 예방하는 업을 말한다.

**6.** 괄호 안에 들어갈 말로 가장 적절한 것은?

수의사는 제1항에 따라 처방전을 발급할 때에는 수의사 처방 관리시스템을 통하여 처방전을 발급하여야 한다. 다만, 전산장애, 출장 진료 그 밖에 대통령령으로 정하는 부득이한 사유로 수의사 처방 관리시스템을 통하여 처방전을 발급하지 못할 때에는 농림축산식품부령으로 정하는 방법에 따라 처방전을 발급하고 부득이한 사유가 종료된 날부터 ( ) 이내에 처방전을 수의사 처방 관리시스템에 등록하여야 한다.

① 1일
② 2일
③ 3일
④ 4일

**7.** 다음 중 일반적인 직업윤리의 내용으로 옳지 않은 것은?

① 직분의식은 스스로가 하고 있는 일이 사회나 기업을 위해 중요한 역할을 하고 있다고 믿고 스스로의 활동을 수행하는 태도를 의미한다.

② 소명의식은 스스로가 맡은 일은 하늘에 의해 맡겨진 일이라고 생각하는 태도를 의미한다.

③ 천직의식은 직업 활동을 통해 타인과 공동체에 대해 봉사하는 정신을 갖추고 실천하는 태도를 의미한다.

④ 책임의식은 직업에 대한 사회적 역할 및 책무 등을 충실히 수행하고 책임을 다하는 태도를 의미한다.

8. 「동물보호법」상 반려동물의 영업에 관한 내용 중 영업자 등의 준수사항으로 옳지 않은 것은?

① 노화나 질병이 있는 동물을 유기하거나 폐기할 목적으로 거래할 것

② 동물의 분뇨, 사체 등은 관계 법령에 따라 적정하게 처리할 것

③ 동물을 안전하고 위생적으로 사육·관리 또는 보호할 것

④ 농림축산식품부령으로 정하는 영업장의 시설 및 인력 기준을 준수할 것


9. 다음 중 「동물보호법」상 500만 원 이하의 과태료에 해당하지 않는 것은?

① 교육이수명령 또는 개의 훈련 명령에 따르지 아니한 소유자

② 영업별 시설 및 인력 기준을 준수하지 아니한 영업자

③ 윤리위원회를 설치·운영하지 아니한 동물실험시행기관의 장

④ 정당한 사유 없이 실험 중지 요구를 따르지 아니하고 동물실험을 한 동물실험시행기관의 장


10. 「소비자기본법」상 소비자의 능력 향상에 관한 내용으로 옳지 않은 것은?

① 국가 및 지방자치단체는 소비자교육과 학교교육·평생교육을 연계하여 교육적 효과를 높이기 위한 시책을 수립·시행하여야 한다.

② 국가 및 지방자치단체는 소비자의 능력을 효과적으로 향상시키기 위한 방법으로 「방송법」에 따른 방송사업을 할 수 있다.

③ 소비자교육의 방법 등에 관하여 필요한 사항은 국무총리령으로 정한다.

④ 국가 및 지방자치단체는 경제 및 사회의 발전에 따라 소비자의 능력 향상을 위한 프로그램을 개발하여야 한다.


11. 「소비자기본법」상 소비자 정책위원회의 내용으로 옳지 않은 것은?

① 위촉위원의 임기는 2년으로 한다.

② 위원장은 국무총리와 소비자 문제에 관하여 학식과 경험이 풍부한 자 중에서 대통령이 위촉하는 자가 된다.

③ 정책위원회의 사무를 처리하기 위하여 공정거래위원회에 사무국을 두고, 그 조직·구성 및 운영 등에 필요한 사항은 대통령령으로 정한다.

④ 정책위원회의 효율적 운영 및 지원을 위하여 정책위원회에 간사위원 1명을 두며, 간사위원은 공정거래위원회 위원장이 된다.


12. 「수의사법」상 농림축산식품부 장관은 동물 의료의 육성·발전 등에 관한 종합계획을 몇 년마다 수립·시행하여야 하는가?

① 1년
② 3년
③ 5년
④ 7년


13. 「수의사법」상 동물보건사 자격시험에 관한 사항으로 옳지 않은 것은?

① 동물보건사 자격시험은 매년 농림축산식품부 장관이 시행한다.

② 농림축산식품부 장관은 자격시험의 관리를 위탁한 때에는 그 관리에 필요한 예산을 보조할 수 있다.

③ 농림축산식품부 장관은 동물보건사 자격시험의 관리를 대통령령으로 정하는 바에 따라 시험 관리 능력이 있다고 인정되는 관계 전문기관에 위탁할 수 있다.

④ 규정한 사항 외에 동물보건사 자격시험의 실시 등에 필요한 사항은 보건복지부령으로 정한다.

**14.** 다음 중 직업윤리의 5대 원칙이 아닌 것은?

① 전문성의 원칙
② 공정경쟁의 원칙
③ 고객중심의 원칙
④ 주관성의 원칙

**15.** 「소비자기본법」상 소비자권익 증진시책에 대한 협력의 내용으로 옳지 않은 것은?

① 사업자는 공공단체 및 정부의 중간상 권익증진과 관련된 업무의 추진에 필요한 자료 및 정보제공 요청에 적극 협력하여야 한다.
② 사업자는 국가 및 지방자치단체의 소비자권익 증진시책에 적극 협력하여야 한다.
③ 사업자는 소비자의 생명·신체 또는 재산 보호를 위한 국가·지방자치단체 및 한국소비자원의 조사 및 위해방지 조치에 적극 협력하여야 한다.
④ 사업자는 안전하고 쾌적한 소비생활 환경을 조성하기 위하여 물품 등을 제공함에 있어서 환경친화적인 기술의 개발과 자원의 재활용을 위하여 노력하여야 한다.

**16.** 「수의사법」상 수의사가 동물소유자 등에게 설명하고 동의를 받아야 할 사항으로 적절하지 않은 것은?

① 수술 등 중대 진료의 필요성, 방법 및 내용
② 수술 등 중대 진료에 따라 전형적으로 발생이 예상되는 후유증 또는 부작용
③ 수술 등 중대 진료에 대한 금액처리사항
④ 동물에게 발생하거나 발생 가능한 증상의 진단명

**17.** 「동물보호법」상 반려동물행동지도사의 업무에 대한 내용으로 옳지 않은 것은?

① 반려동물에 대한 훈련
② 반려동물에 대한 행동분석 및 평가
③ 반려동물행동지도에 필요한 사항으로 대통령령으로 정하는 업무
④ 반려동물 소유자 등에 대한 교육

**18.** 「소비자기본법」상 소비자 단체의 업무로 옳지 않은 것은?

① 소비자 문제에 관한 조사·연구
② 판매자의 교육
③ 소비자의 불만 및 피해를 처리하기 위한 상담·정보제공 및 당사자 사이의 합의의 권고
④ 국가 및 지방자치 단체의 소비자의 권익과 관련된 시책에 대한 건의

**19.** 「동물보호법」상 동물복지축산농장의 인증에 관한 내용으로 옳지 않은 내용은?

① 농림축산식품부장관은 동물복지 증진에 이바지하기 위하여 농림축산식품부령으로 정하는 동물이 본래의 습성 등을 유지하면서 정상적으로 살 수 있도록 관리하는 축산농장을 동물복지축산농장으로 인증할 수 있다.
② 인증기관은 인증 신청을 받은 경우 농림축산식품부령으로 정하는 인증기준에 따라 심사한 후 그 기준에 맞는 경우에는 인증하여 주어야 한다.
③ 인증농장의 인증 절차 및 인증의 갱신, 재심사 등에 관한 사항은 농림축산식품부령으로 정한다.
④ 인증의 유효기간은 인증을 받은 날부터 5년으로 한다.

20. 「소비자기본법」상 소비자 안전센터의 업무로 옳지 않은 것은?

① 소비자 안전과 관련된 교육 및 홍보
② 판매자 안전에 관한 국제협력
③ 소비자 안전을 확보하기 위한 조사 및 연구
④ 위해 물품 등에 대한 시정 건의

## 05 보호자 교육 및 상담(20문항)

1. 다음 중 견종 매칭 포인트에 대한 설명으로 적절하지 않은 것은?

① 통상적으로 견종은 장모종, 중·장모, 단모종으로 구분된다.
② 견종의 선택에 있어 모질에 관한 부분도 참고된다.
③ 장모종의 경우 단모종에 비해 털 빠짐이 적어 관리가 수월하고 털 손질도 필요 없다.
④ 단모종의 경우 털이 많이 빠지므로 틈틈이 청소해 위생 및 청결에 힘써야 한다.

2. 다음 중 강아지를 입양한 후 일주일 동안 해야 하는 일로 적절하지 않은 것은?

① 입양 전 강아지가 사용한 물품은 버리고 입양 후의 물품으로 바꿔주면 적응하는 데 도움이 된다.
② 대소변에 관한 훈련은 강아지가 입양되어 집에 온 날부터 한다.
③ 강아지를 만지는 행동은 강아지 입장에서는 스트레스로 작용할 수 있기 때문에 주의한다.
④ 조용한 환경에서 강아지가 적응할 수 있는 시간을 준다.

3. 커뮤니케이션의 특징으로 옳지 않은 것은?

① 서로의 행동에 영향을 미친다.
② 수단과 형식 등이 고정적이다.
③ 정보를 교환하며, 그에 따른 의미를 부여한다.
④ 순기능 및 역기능이 존재한다.

4. 커뮤니케이션 과정 중 말하고자 하는 내용을 수신하지 못하거나 또는 발신인의 의도하고는 전혀 상관없는 메시지로 이해하게 되는 단계는?

① 해독
② 메시지
③ 부호화
④ 소음

5. 다음은 커뮤니케이션에 대한 수신자 장애요인으로 옳지 않은 것은?

① 신뢰도의 결핍
② 반응적 피드백의 부족
③ 정보의 여과
④ 평가적 경향

6. 대인 커뮤니케이션에 대한 내용으로 적절하지 않은 것은?

① 즉시적인 피드백의 양은 많다.
② 수용자들의 선별적인 노출의 정도는 많다.
③ 커뮤니케이션의 상황은 대면적이다.
④ 메시지의 흐름은 대체로 일방적이다.

7. 다음 중 설득의 기본원칙으로 옳지 않은 것은?

① 동기 유발하기
② 경청하기
③ 칭찬 및 감사의 말 표현하기
④ 애매모호한 메시지를 전달하기

8. 다음 글은 A라는 변호사가 B라는 의뢰자에게 하는 커뮤니케이션의 스킬을 나타낸 것이다. 대화를 읽고 A 변호사의 커뮤니케이션 스킬에 대한 내용으로 거리가 먼 것을 고르시오.

> A : "좀 꺼내기 어려운 얘기지만 방금 말씀하신 변호사 보수에 대해 저희 사무실 입장을 솔직히 말씀드려도 실례가 되지 않을까요?"
>
> B : 네, 그러세요
>
> A : "아마 알아보시면 아시겠지만 통상 중형법률사무소 변호사들의 시간당 단가가 20만 원 내지 40만 원 정도 사이입니다. 이 사건에 투입될 변호사는 3명이고 그 3명의 시간당 단가는 20만 원, 25만 원, 30만 원이며 변호사별로 약 ○○ 시간 동안 이 일을 하게 될 것 같습니다. 그렇다면 전체적으로 저희 사무실에서 투여되는 비용은 800만 원 정도인데, 지금 의뢰인께서 말씀하시는 300만 원의 비용만을 받게 된다면 저희들은 약 500만 원 정도의 손해를 볼 수밖에 없습니다."
>
> B : 그렇군요.
>
> A : "그 정도로 손실을 보게 되면 저는 대표변호사님이나 선배 변호사님들께 다른 사건을 두고 왜 이 사건을 진행해서 전체적인 사무실 수익성을 악화시켰냐는 질책을 받을 수 있습니다. 어차피 법률사무소도 수익을 내지 않으면 힘들다는 것은 이해하실 수 있으시겠죠?"
>
> B : 네, 이해가 됩니다.
>
> A : "어느 정도 비용을 보장해 주셔야 저희 변호사들이 힘을 내서 일을 할 수 있고, 사무실 차원에서도 제가 전폭적인 지원을 이끌어낼 수 있습니다. 이는 귀사를 위해서도 바람직할 것이라 여겨집니다."
>
> B : 네
>
> A : "너무 제 입장만 말씀 드린 거 같습니다. 제 의견에 대해 어떻게 생각하시는지요?"
>
> B : 듣고보니 맞는 말씀이네요.

① 상대에게 솔직하다는 느낌을 전달할 수 있다.
② 상대가 나의 입장과 감정을 전달해서 상호 이해를 돕는다.
③ 상대는 나의 느낌을 수용하며, 자발적으로 스스로의 문제를 해결하고자 하는 의도를 가진다.
④ 상대는 변명하려 하거나 반감, 저항, 공격성을 보인다.

**9.** 다음 고객의 기대에 관한 영향요인의 내용 중 고객의 내적요인으로만 바르게 묶인 것을 고르면?

> ㉠ 시간적인 제약
> ㉡ 고객의 정서적인 상태
> ㉢ 관여도
> ㉣ 환경적인 조건
> ㉤ 개인적인 욕구
> ㉥ 과거 서비스 경험

① ㉠㉡㉢　　　　② ㉠㉢㉤
③ ㉡㉢㉣　　　　④ ㉢㉤㉥

**10.** 다음의 공통된 질문형태에 관련한 내용으로 가장 거리가 먼 것은?

> • 당신은 강남역 묻지마 사건에 대해 어떻게 생각하시나요?
> • 아동학대에 대한 당신의 생각은 어떠신가요?
> • 당신은 이번 가습기 살균제 사건에 대해서 어떤 시각을 가지고 계신가요?

① 응답자들에게 충분한 자기표현의 기회를 제공해 다양한 응답의 취득이 가능하다.
② 응답의 범위가 따로 정해지지 않고 자유로운 응답이 가능하므로 이로 인한 코딩이 어려우며, 분석 또한 어렵다.
③ 주관식 질문형태이다.
④ 이분형의 질문과 선다형의 질문이 있다.

**11.** 다음 대화의 질문형태에 대한 내용으로 옳지 않은 것은?

> A : 우리 오늘 바람 쐬러 어디로 갈까?
> B : 글쎄?
> A : 기차타고 바다 보러 갈까?
> B : 난 움직이기 싫어, 귀찮아.
> A : 그럼 운동할 겸 산에 갈까? 이 중에서 네가 선택해 봐.
> B : 글쎄, 난 다 싫은데...

① 이분형의 질문과 선다형의 질문이 있다.
② 응답이 용이하고 분석이 쉽다.
③ 응답자에게 충분한 자기표현의 기회를 제공해 사실적이면서 현장감 있는 응답의 취득이 가능하다.
④ 응답자들의 생각을 모두 반영한다고 할 수 없다.

**12.** 다음 고객에 대한 컴플레인 응대 단계 중 '경청' 부분에 대한 내용으로 옳지 않은 것은?

① 선입견을 유지하고 기업의 입장에서 고객들의 불평불만을 생각하고 문제를 파악한다.
② 부드러운 표현을 활용해사 고객들의 불평불만을 빠르게 접수하도록 한다.
③ 고객 스스로가 그들의 불평불만을 모두 말할 수 있도록 한다.
④ 고객이 불평불만을 가질 경우 구성원들은 스스로의 의견을 개입시키지 말고 전반적인 사항을 듣는다.

**13.** 다음 중 컴플레인 처리 시의 주의사항으로 적절하지 않은 것은?

① 고객에 대한 선입관을 지니지 않는다.
② 품위를 지키며, 고객을 무시하지 않기 위해 전문적인 언어를 사용한다.
③ 고객의 입장에서 정성을 다하는 자세로 임한다.
④ 친절하고 상냥하게 침착하게 대응한다.

**14.** 다음 중 말에 의한 의사소통의 설명으로 옳지 않은 것은?

① 개인적인 상호작용이 불가능하다.
② 메시지의 왜곡이 가능하다.
③ 공식적 기록이 없다.
④ 빠른 피드백이 가능하다.

**15.** 의사소통의 목적과 거리가 먼 것을 고르면?

① 사회적인 만족
② 신체적인 욕구
③ 정체성의 욕구
④ 경제적인 풍요

**16.** 다음 중 서비스 품질 모형의 5가지 품질 차원으로 옳지 않은 것은?

① 대응성
② 공감성
③ 신뢰성
④ 무형성

**17.** 다음 감성지능의 구성요소 중 사회적 역량에 해당하는 것을 모두 고르면?

⊙ 공감
ⓒ 사회적 기술
ⓒ 동기부여
ⓔ 자기인식
ⓜ 자기규제

① ⊙ⓒ
② ⊙ⓒ
③ ⓔⓜ
④ ⓒⓒⓔ

**18.** 반려동물 문제행동의 발생요인 중 1차 요인에 속하는 것을 모두 고르면?

⊙ 신체적 특성
ⓒ 유전적 기질
ⓒ 생활환경 보호자
ⓔ 부적절한 경험
ⓜ 학습기회의 부족

① ⊙ⓒ
② ⓒⓔ
③ ⓒⓜ
④ ⓔⓜ

**19.** 다음 중 가장 높은 수준의 경청 방법은 무엇인가?

① 촉진적 경청
② 공감적 경청
③ 적극적 경청
④ 사실만 경청

**20.** 감성지능(emotional intelligence)에 관한 내용으로 옳지 않은 것은?

① 감성지능은 지능(intelligence)이라는 개념에 대비되는 말이다.
② 인간의 감정 및 느낌 등을 인지하며 통제하고 조절하는 것과 관련된 능력으로 정의된다.
③ 지능의 경우에는 이성적이면서 합리적으로 사고하는 능력을 의미하고 이해력, 기억력, 추리력, 계산력 등을 포함한다.
④ 감성지능은 인내심, 지구력, 충동, 억제력 등을 포함하지 않는다.

# 반려동물 행동지도사 봉투모의고사

성명

(자필 성명)

생 년 월 일

| 01 반려동물 행동학 | 02 반려동물 관리학 | 03 반려동물 훈련학 | 04 직업윤리 및 법률 | 05 보호자 교육 및 상담 |
|---|---|---|---|---|
| 1 ① ② ③ ④ | 21 ① ② ③ ④ | 41 ① ② ③ ④ | 61 ① ② ③ ④ | 81 ① ② ③ ④ |
| 2 ① ② ③ ④ | 22 ① ② ③ ④ | 42 ① ② ③ ④ | 62 ① ② ③ ④ | 82 ① ② ③ ④ |
| 3 ① ② ③ ④ | 23 ① ② ③ ④ | 43 ① ② ③ ④ | 63 ① ② ③ ④ | 83 ① ② ③ ④ |
| 4 ① ② ③ ④ | 24 ① ② ③ ④ | 44 ① ② ③ ④ | 64 ① ② ③ ④ | 84 ① ② ③ ④ |
| 5 ① ② ③ ④ | 25 ① ② ③ ④ | 45 ① ② ③ ④ | 65 ① ② ③ ④ | 85 ① ② ③ ④ |
| 6 ① ② ③ ④ | 26 ① ② ③ ④ | 46 ① ② ③ ④ | 66 ① ② ③ ④ | 86 ① ② ③ ④ |
| 7 ① ② ③ ④ | 27 ① ② ③ ④ | 47 ① ② ③ ④ | 67 ① ② ③ ④ | 87 ① ② ③ ④ |
| 8 ① ② ③ ④ | 28 ① ② ③ ④ | 48 ① ② ③ ④ | 68 ① ② ③ ④ | 88 ① ② ③ ④ |
| 9 ① ② ③ ④ | 29 ① ② ③ ④ | 49 ① ② ③ ④ | 69 ① ② ③ ④ | 89 ① ② ③ ④ |
| 10 ① ② ③ ④ | 30 ① ② ③ ④ | 50 ① ② ③ ④ | 70 ① ② ③ ④ | 90 ① ② ③ ④ |
| 11 ① ② ③ ④ | 31 ① ② ③ ④ | 51 ① ② ③ ④ | 71 ① ② ③ ④ | 91 ① ② ③ ④ |
| 12 ① ② ③ ④ | 32 ① ② ③ ④ | 52 ① ② ③ ④ | 72 ① ② ③ ④ | 92 ① ② ③ ④ |
| 13 ① ② ③ ④ | 33 ① ② ③ ④ | 53 ① ② ③ ④ | 73 ① ② ③ ④ | 93 ① ② ③ ④ |
| 14 ① ② ③ ④ | 34 ① ② ③ ④ | 54 ① ② ③ ④ | 74 ① ② ③ ④ | 94 ① ② ③ ④ |
| 15 ① ② ③ ④ | 35 ① ② ③ ④ | 55 ① ② ③ ④ | 75 ① ② ③ ④ | 95 ① ② ③ ④ |
| 16 ① ② ③ ④ | 36 ① ② ③ ④ | 56 ① ② ③ ④ | 76 ① ② ③ ④ | 96 ① ② ③ ④ |
| 17 ① ② ③ ④ | 37 ① ② ③ ④ | 57 ① ② ③ ④ | 77 ① ② ③ ④ | 97 ① ② ③ ④ |
| 18 ① ② ③ ④ | 38 ① ② ③ ④ | 58 ① ② ③ ④ | 78 ① ② ③ ④ | 98 ① ② ③ ④ |
| 19 ① ② ③ ④ | 39 ① ② ③ ④ | 59 ① ② ③ ④ | 79 ① ② ③ ④ | 99 ① ② ③ ④ |
| 20 ① ② ③ ④ | 40 ① ② ③ ④ | 60 ① ② ③ ④ | 80 ① ② ③ ④ | 100 ① ② ③ ④ |

| ⓪ ① ② ③ ④ ⑤ ⑥ ⑦ ⑧ ⑨ | ⓪ ① ② ③ ④ ⑤ ⑥ ⑦ ⑧ ⑨ | ⓪ ① ② ③ ④ ⑤ ⑥ ⑦ ⑧ ⑨ | ⓪ ① ② ③ ④ ⑤ ⑥ ⑦ ⑧ ⑨ | ⓪ ① ② ③ ④ ⑤ ⑥ ⑦ ⑧ ⑨ | ⓪ ① ② ③ ④ ⑤ ⑥ ⑦ ⑧ ⑨ | ⓪ ① ② ③ ④ ⑤ ⑥ ⑦ ⑧ ⑨ | ⓪ ① ② ③ ④ ⑤ ⑥ ⑦ ⑧ ⑨ |

# 반려동물
## 행동지도사 2급
### -제2회 모의고사-

| 성 명 | | 생년월일 | |
|---|---|---|---|
| 문 항 수 | 100문항 | 점 수 | _____ / 100점 |

## 01 반려동물 행동학(20문항)

**1.** 다음 중 동물행동학 분류와 그 연구의 연결이 옳지 않은 것은?

① 진화 – 동물행동의 계통 발생 연구
② 궁극요인 – 동물행동의 물리적인 의미 연구
③ 지근요인 – 동물행동의 매커니즘 연구
④ 발달 – 동물행동의 개체 발생 연구

**2.** 견종을 기능에 따라 구분할 때 가정견에 속하지 않는 품종은?

① 달마시안
② 저먼 셰퍼드
③ 불독
④ 콜리

**3.** 사람의 눈 역할을 하는 만큼 상당한 교육을 필요로 하며, 인내심이 많고 차분해야 하는 특수목적견은?

① 마약견
② 보청견
③ 맹인안내견
④ 동물매개치료견

**4.** 반려견의 섭식에 관한 설명 중 적절하지 않은 것은?

① 늑대의 수렵행동과 관련이 있기 때문에 섭취를 빠르게 하는 특성이 있다.
② 옆의 다른 강아지들이 없을 때 먹는 속도가 느려질 수도 있다.
③ 반려견의 경우 사람에 비해 위의 용적량이 작기 때문에 한 번에 많은 양의 먹이 섭취가 어렵다.
④ 먹이 섭식은 반려견에게 있어 가장 기본적이며 생존을 위한 필수조건이다.

**5.** 반려견의 행동발달 단계에서 이행기에 대한 설명으로 옳지 않은 것은?

① 후각적으로는 호기심이 없을 시기이다.
② 꼬리를 흔들거나 또는 으르렁거리기도 하는 등의 사회적 행동에 대한 신호를 나타낸다.
③ 듣고, 보고, 느끼는 등의 기본적 감각을 갖추게 된다.
④ 이행기는 대략 생후 2 ~ 3주의 짧은 기간이다.

**6.** 인간과 개의 통상적인 나이 비교를 했을 때, 인간의 나이가 청소년기면 개의 나이는 몇 살인가?

① 생후 1년
② 5년
③ 7년
④ 10년

7. 〈보기〉가 설명하는 반려견 품종은 무엇인가?

> ──── 보기 ────
>
> 3,000 ~ 3,500년경 전부터 지중해의 몰타 섬에서 살았으며 몰타 섬 주변의 카르타고, 로마, 그리스 같은 고대 도시 국가의 상류층에서도 큰 인기를 얻은 품종이다. 그리스인들은 이 견종이 죽으면 주인 무덤 옆에 묻어 주거나 개를 위한 사원을 만들어 주었다.

① 말티즈        ② 코커 스패니얼
③ 비글           ④ 웰시코기

8. 다음 중 반려견의 시각적 의사소통에 관한 내용으로 옳지 않은 것은?

① 머리의 위치는 복종할 시에는 낮으며, 목이 늘어나는 형태를 띤다.
② 꼬리 위치는 공격적일 땐 낮게 내리거나 또는 배의 아래로 말리는 형태를 띤다.
③ 눈의 위치는 위협을 가할 때에는 상대를 직시한다.
④ 귀의 위치는 공격적일 시에는 일종의 경계태세와 같은 형태를 띤다.

9. 다음 중 반려견이 나타내는 여러 가지 소리와 그 의미로 연결이 옳지 않은 것은?

① 깨갱거림 – 불안 또는 무서움 등에 휩싸여 위협을 느낄 때 지르는 소리이다.
② 멍멍 짖음 – 만약 마르면서 쉰 듯한 느낌의 소리를 반복해 짖을 때 이는 반려견이 스트레스를 받거나 또는 아픔을 호소하는 경우이다.
③ 낑낑거림 – 반가움, 갈등, 순응 등을 나타낸다.
④ 으르렁거림 – 낮고 굵은 음의 으르렁거림은 용기가 없는 개가 일종의 강한 모습을 보이는 척할 때 나타내는 소리이다.

10. 〈보기〉로 알 수 있는 견종은 무엇인가?

> ──── 보기 ────
>
> • 중국의 경우 사자가 악귀를 쫓아내고 재물을 지켜준다고 해서 굉장히 신성시됐는데, 사자를 대신하여 사자와 닮은 이 견종을 신성시함
> • 처음 티벳에서 유래하여 1980년대 우리나라에도 들어와 키우기 시작함
> • 10마리 중 9마리는 성격이 상당히 느긋하고 낙천적임

① 슈나우저     ② 골든 리트리버
③ 시츄         ④ 비글

11. 영국 웨일즈 지방의 빈민들이 목축을 위해 기르던 품종으로 12세기경 영국 왕 리처드 1세가 데려가 키우면서 영국 왕실의 개가 되었다. 가축들 다리 사이로 뛰어다니기 알맞도록 짧은 다리를 가지고 있는 견종은 무엇인가?

① 푸들
② 웰시코기
③ 포메라니안
④ 요크셔 테리어

12. 카밍 시그널의 기능에 대한 설명으로 옳지 않은 것은?

① 평화유지 기능은 반려견이 주위 구성원들과 평화를 유지하려고 할 때 활용한다.
② 분쟁회피 기능 반려견이 적의가 없음을 알리고 상대를 진정시키는 것이다.
③ 긴장완화 기능은 반려견 스스로가 긴장을 완화하는 것이다.
④ 의사전달 기능은 반려견이 다른 개체와 서로 간 의사를 파악할 수 있는 것이다.

**13.** 다음 중 반려견의 의사표현과 그 의미를 잘못 연결한 것은?

① 귀를 약간 젖히고 꼬리는 살살 흔든다. - 평온함
② 온몸이 흔들릴 정도로 꼬리를 흔든다. - 수동적인 복종(두려움)
③ 깽깽거린다. - 고통/스트레스
④ 꼬리치며 빙글빙글 돈다. - 기쁨/관심 끌기

**14.** 다음 중 보호자와 반려견의 관계를 잘못 설명하고 있는 것은?

① 보호자와 반려견 서로 간 유익한 관계가 되어야 한다.
② 보호자의 경우에 반려견을 괴롭히거나 불편하게 하는 행위를 해서는 안 된다.
③ 보호자는 반려견과 문서상의 계약관계는 아니지만 서로 간에 돌봐주어야 하는 관계라 할 수 있다.
④ 단방향적이며 비연속적인 관계가 유지되어야 한다.

**15.** 다음 중 동물실험의 3R 원칙이 아닌 것은?

① 관계(relationship)
② 감소(reduction)
③ 대체(replacement)
④ 개선(refinement)

**16.** 다음 중 통상적인 개의 발정기는 연 몇 회인가?

① 4회
② 3회
③ 2회
④ 1회

**17.** 다음 중 조렵견에 해당하지 않는 품종은?

① 래브라도 리트리버
② 골든 리트리버
③ 진돗개
④ 잉글리시 코커 스패니얼

**18.** 주로 땅속에 사는 작은 동물을 잡는 호전적인 개로 농장에서 들쥐나 여우 등을 잡도록 길러진 견종은?

① 하운드
② 스피츠
③ 테리어
④ 토이

**19.** 반려견 털의 먼지, 엉킨 털들을 풀어줄 때 사용하는 것은?

① 칫솔
② 둥근 빗
③ 네모 가위
④ 브러쉬

**20.** 개가 산책할 때 위험 요소를 만나거나 다른 개를 만났을 때 목 부분부터 꼬리부분까지 털을 바짝 세우는 모습은 무엇을 기반으로 하는 행동인가?

① 본능
② 반사
③ 학습
④ 유전적 행동

## 02 반려동물 관리학(20문항)

1. 동물 신체 구성에 있어 몸체를 이루고 있는 기본 단위는 무엇인가?

   ① 세포
   ② 개체
   ③ 기관
   ④ 조직

2. 다음 중 개의 몸통 골격에서 머리와 몸통 무게를 지탱하고 움직일 수 있도록 하는 부위는?

   ① 척추
   ② 흉골
   ③ 늑골
   ④ 요추골

3. 개의 사지 위치로 관절을 구분할 때 앞다리 관절에 해당하지 않는 부위는?

   ① 완관절
   ② 고관절
   ③ 주관절
   ④ 견관절

4. 〈보기〉는 개의 신경계에 대한 설명 중 무엇에 대한 것인가?

   ───── 보기 ─────
   • 시상 및 시상하부로 구성
   • 시상의 경우 후각을 제외하고 신체 모든 감각 정보들이 대뇌피질로 전도되는 것에 관여

   ① 연수
   ② 소뇌
   ③ 간뇌
   ④ 중뇌

5. 개 골격 특징으로 옳지 않은 것은?

   ① 개의 쇄골은 퇴화되어 있다.
   ② 견갑골은 목줄기 양쪽에 상하 수직으로 붙어있다.
   ③ 개의 뒷발목뼈 부분은 인간의 발뒤꿈치에 해당한다.
   ④ 앞발가락은 4개이며, 뒷발가락이 발달하였다.

6. 개의 청각전달 경로를 순서대로 나열한 것은?

   ① 소리 → 고막 → 귓속뼈 → 귓바퀴 → 달팽이관 → 청각신경 → 대뇌
   ② 소리 → 고막 → 귓바퀴 → 달팽이관 → 귓속뼈 → 청각신경 → 대뇌
   ③ 소리 → 귓바퀴 → 고막 → 귓속뼈 → 달팽이관 → 청각신경 → 대뇌
   ④ 소리 → 귓바퀴 → 달팽이관 → 귓속뼈 → 고막 → 청각신경 → 대뇌

7. 통상적으로 개의 위는 소화기 전체 용적의 몇 %를 차지하는가?

① 10%
② 20%
③ 40%
④ 60%

8. 개의 간과 담낭에 관한 내용으로 적절하지 않은 것은?

① 간의 중량은 0.1 ~ 0.2kg의 정도로 내부 장기 중에서 가장 작다.
② 간은 소화작용을 하기 위해 필요한 담즙을 분비한다.
③ 담낭의 경우 간으로부터 분비되는 담즙을 저장하는 역할을 한다.
④ 간은 체축으로부터 오른쪽으로 기울어진 곳에 위치하고 있다.

9. 반려견의 갈비뼈를 보기 어렵고, 지방층으로 인해 갈비뼈를 쉽게 촉진하기 어려운 상태일 때 반려견 신체충실지수(BCS)에 따라 몇 단계로 평가할 수 있는가?

① BCS 1
② BCS 2
③ BCS 4
④ BCS 5

10. 반려견의 나이와 치아 발육 상태 연결이 옳지 않은 것은?

① 2개월령 - 유치가 전부 돌출된다.
② 7개월령 - 모든 유치가 영구치로 교체된다.
③ 2년령 - 아래턱의 앞니 4개가 마모된다.
④ 5년령 - 위턱과 아래턱 앞니 2개가 영구치로 교체된다.

11. 수캐의 생식기관에 대한 설명으로 잘못된 것은?

① 정관은 부고환에서 이어지는 것으로 고환관의 비연속관이다.
② 전립샘에서는 정자 운동 및 대사 등에 필요로 하는 성분을 포함한 분비액이 만들어진다.
③ 고환은 정자를 생성하는 외분비샘이며, 테스토스테론을 생성하는 내분비샘이기도 하다.
④ 부고환은 고환으로부터 생성된 미성숙 정자를 일시적으로 저장 및 성숙시키게 된다.

12. 반려견의 소변을 통해 건강을 체크할 때 비정상 상태임을 알 수 있는 특징으로 옳지 않은 것은?

① 다음
② 다뇨
③ 소변감소증
④ 맑고 연한 노란색

13. 반려견에게 열이 있는지 확인하는 방법으로 옳은 것은?

① 몸을 자주 긁는다.
② 코가 마르고 윤기가 있는지 확인한다.
③ 사람이 오는 것을 불편해 한다.
④ 걸을 때 통증 소견을 보인다.

14. 하임리히법에 대한 내용으로 옳지 않은 것은?

① 어린 강아지의 경우에는 이들의 뒷다리를 잡아 반대로 들어 올려서 털어준다.
② 눈으로 보았을 시 이물질 등이 발견되면 실행한다.
③ 통상적으로 압박 추천횟수는 5회 정도이다.
④ 반려견의 기도에 이물질 등이 걸렸을 시에 실행한다.

15. 주로 성장기 강아지와 털이 짧은 견종에게 호발하며 모낭을 파괴하는 피부질환은?

① 모낭충증
② 항문낭염
③ 피부사상균증
④ 개선충증

16. 반려견의 요로결석 증상으로 옳지 않은 것은?

① 적은 양의 소변을 자주 배뇨한다.
② 배뇨 시 통증 소견을 보인다.
③ 주로 암컷에게서 많이 발병한다.
④ 소변에 혈액에 혼합되어 나온다.

17. 다음 중 중형견의 정상적인 맥박 수로 옳은 것은?

① 100 ～ 140회/분
② 90 ～ 130회/분
③ 80 ～ 120회/분
④ 70 ～ 110회/분

18. 다음 중 개의 저혈압 원인으로 옳지 않은 것은?

① 심박출량의 감소
② 저혈량
③ 심장질환
④ 말초혈관의 확장

19. 반려견 미용에 사용하는 커브 가위에 관한 설명으로 옳은 것은?

① 주로 반려견의 얼굴 라인을 커트할 때 활용된다.
② 눈앞의 털을 커트할 때 주로 활용된다.
③ 가위의 날이 휘어 있어서 동그랗게 커트해야 하는 부분을 용이하게 자를 수 있다.
④ 주로 털의 길이를 자르며 다듬는 데 활용한다.

20. 반려견 염색에서 펜을 입으로 불어 활용하며, 분사량 및 분사거리에 따라 실제 발색력이 다른 일회성인 염색제는 무엇인가?

① 글리터 젤
② 페인트 펜
③ 블로우 펜
④ 초크

## 03 반려동물 훈련학(20문항)

**1. 다음 중 경비호신훈련에 많이 사용되는 교육 도구는?**

① 하네스
② 아티클
③ 블라인드
④ 줄 스틱

**2. 다음 중 훈련의 기초자세로 옳지 않은 것은?**

① 훈련 및 놀이의 개념을 구분한다.
② 훈련에 들어가기 전 개의 컨디션 상태를 체크한다.
③ 훈련의 목적이 아닌 훈련의 시간이 중요하다.
④ 훈련에 있어 칭찬 및 통제의 중요성을 이해한다.

**3. 개의 훈련에 있어 강화의 원칙으로 옳지 않은 사항은?**

① 강화물이 미끼 또는 뇌물 등이 아니라는 것을 구분
시켜줘야 한다.
② 과제가 어려울수록 강화물의 가치는 그만큼 낮아져
야 한다.
③ 강화의 다양성은 학습 과정에 있어 교육 효과를 향
상시킨다.
④ 강화물 전달의 적절한 타이밍은 필수적인 요소이다.

**4. 다음 중 반려견의 상황적인 강화체가 아닌 것은?**

① 눈맞춤
② 음식
③ 스킨십
④ 장난감

**5. 다양한 냄새를 맡게 해주는 것은 풍부화 요소 중 어떤
요소에 해당하는가?**

① 감각적인 요소
② 환경적인 요소
③ 사회적인 요소
④ 인지적인 요소

**6. 인간과 반려견 사이의 상호 신뢰와 함께 친밀감을 향상
시켜주고 즐겁게 배울 수 있는 기회를 제공하는 놀이
교육에 대한 내용으로 옳지 않은 것은?**

① 정확한 동작을 유지하고 있을 때 보상한다.
② 반려견이 좋아하는 간식으로 보상한다.
③ 가급적 저녁 식사 이후에 교육한다.
④ 신나고 활기찬 목소리로 반려견에게 동기를 부여한다.

**7. 반려견의 훈련 및 보상에 대한 설명으로 적절하지 않은
것은?**

① 강화 또는 체벌은 행동이 일어나고 있는 동안에는
시행하지 않는다.
② 일관성 있는 규칙을 가지고 적절한 타이밍에 적절한
피드백을 전달해야 한다.
③ 자발적인 조건 부여의 원리들을 효과적으로 실행하
기 위해서는 반드시 연습이 필요하다.
④ 클리커 훈련 시 클릭 후 행동을 멈출 때 보상해야
한다.

**8.** 식분증행동 교정으로 옳지 않은 것은?

① 반려견이 약속된 행동을 따르도록 예절교육을 시행한다.

② 질환이나 영양 결핍을 확인한다.

③ 아침저녁으로 배변을 위한 산책을 한다.

④ 반려견이 배변 실수를 하거나 먹을 경우 관심을 주지 않는다.

**9.** 다음 중 조형의 법칙(Law of Shaping)으로 바르지 않은 사항은?

① 교육이 지속되게 하라

② 한 번에 하나의 기준을 교육시켜라

③ 학습자인 개보다 앞서 나가지 마라

④ 필요하다면 돌아가라

**10.** 다음 중 강아지의 교육용 간식에 관한 내용으로 바르지 않은 것은?

① 교육용 간식은 강아지가 맛을 음미하면서 천천히 삼킬 수 있는 간식이어야 한다.

② 끈적거리고 쉽게 부서지는 간식은 피한다.

③ 일반적인 기준의 건강한 간식을 넘어서서 강아지들의 건강 상태에 적합한지 확인한다.

④ 난이도가 높은 훈련일 경우 기호성이 높은 간식을 제공한다.

**11.** 다음 중 반려견들의 알파 증후군을 유발하는 보호자들의 잘못된 행동이 아닌 것은?

① 일관성이 없는 태도 및 신뢰받지 못할 행동 등을 한다.

② 외출 시 반려견에게 말을 걸거나 먹이를 던져준다.

③ 불필요한 강아지의 응석 또는 잘못된 요구 등을 받아준다.

④ 서열이 확립되지 않은 상태에서 침대 또는 소파 등에서 같이 자고 논다.

**12.** 기본예절 훈련 종류로 옳은 것은?

① 구르기

② 집에 들어가기

③ 장난감 가져오기

④ 따라 걷기

**13.** 산책 시 반려견이 보호자 뒤에서 따라올 때 의미로 옳은 것은?

① 심리적으로 안정되어 있음을 의미한다.

② 주변환경에 위축되고 경계하고 있는 상태다.

③ 서열의 우월성을 느끼고 있다.

④ 공격적인 성향이 나타난 상태다.

**14.** 다음 중 반려견이 견딜 수 있는 한계를 넘어선 특정한 대상에 대해서 나타나는 행동학적 또는 생리학적 공포 반응은?

① 상동장애

② 공포증

③ 분리불안

④ 특발성 공격행동

**15.** 반려견이 흥분도가 높아졌을 때 내뱉게 되는 일종의 감탄사처럼 아무 이유 없이 짖는 것을 무엇이라고 하는가?

① 회피성 짖음

② 헛짖음

③ 요구성 짖음

④ 불안성 짖음

**16.** 세계 3대 도그쇼로 옳지 않은 것은?

① FCI 월드 도그쇼
② 크러프츠 도그쇼
③ 웨스트민스터 도그쇼
④ KKF 챔피언십 도그쇼

**17.** 다음 중 선제 공격형 개(Offensive Dog)에 관한 내용으로 옳지 않은 것은?

① 코에 주름이 생긴다.
② 꼬리는 단단하게 서 있다.
③ 털이 곤두서 있다.
④ 동공이 열려 있다.

**18.** 반려견 훈련 시 성격적인 측면에서 고려해야 할 사항이 아닌 것은?

① 소극적인 개의 경우 항상 칭찬을 많이 해주며 자신감을 잃지 않도록 해야 한다.
② 집중력이 좋은 개의 경우 오히려 물건에 대한 집착이 있을 수 있으므로 침착성을 갖게 하면서 훈련을 시작해야 한다.
③ 산만한 개의 경우 집중력을 모으기 위해 훈련시간을 길게 하는 것이 가장 좋다.
④ 고집이 센 개의 경우 냉정하고 단호하게 훈련을 실시하여 나쁜 고집이 형성되지 않도록 한다.

**19.** BH 시험 규정 중 일반 규칙으로 옳지 않은 것은?

① 핸들러는 FCI 자격증을 취득하였거나 소속 국가가 발급한 인증 자격의 취득을 증명해야 한다.
② 경기에 참가하고자 하는 모든 핸들러는 규정에 관한 필기시험을 통과해야 한다.
③ 견종에 따라 참가 가능한 최소 월령이 상이하다.
④ BH 경기가 개최되기 위해서는 최소 네 마리 이상의 개가 참가해야 한다.

**20.** 반려견에게 문제 행동과 양립할 수 없는 다른 행동을 요구하는 반려견 문제행동 교정 방법은?

① 약화
② 노출
③ 대안행동
④ 역조건화

## 04 직업윤리 및 법률(20문항)

**1.** 「동물보호법」상 적정한 사육·관리에 관한 내용으로 옳지 않은 것은?

① 소유자 등은 재난 시 동물이 안전하게 대피할 수 있도록 노력하여야 한다.

② 소유자 등은 동물을 관리하거나 다른 장소로 옮긴 경우에는 그 동물이 새로운 환경에 자연스럽게 적응하도록 방치한다.

③ 소유자 등은 동물이 질병에 걸리거나 부상을 당한 경우에는 신속하게 치료하거나 그 밖에 필요한 조치를 하도록 노력하여야 한다.

④ 소유자 등은 동물에게 적합한 사료와 물을 공급하고, 운동·휴식 및 수면이 보장되도록 노력하여야 한다.

**2.** 「동물보호법」상 반려동물행동지도사 자격시험에 관한 내용으로 옳지 않은 것은?

① 반려동물행동지도사가 되려는 사람은 농림축산식품부 장관이 시행하는 자격시험에 합격하여야 한다.

② 반려동물행동지도사 자격시험의 시험과목, 시험방법, 합격 기준 및 자격증 발급 등에 관한 사항은 농림축산식품부령으로 정한다.

③ 농림축산식품부 장관은 자격시험의 시행 등에 관한 사항을 대통령령으로 정하는 바에 따라 관계 전문기관에 위탁할 수 있다.

④ 반려동물의 행동분석·평가 및 훈련 등에 전문지식과 기술을 갖추었다고 인정되는 대통령령으로 정하는 기준에 해당하는 사람에게는 자격시험 과목의 일부를 면제할 수 있다.

**3.** 「소비자기본법」상 소비자중심경영의 인증에 관한 내용으로 옳지 않은 것은?

① 소비자중심경영인증을 받으려는 사업자는 대통령령으로 정하는 바에 따라 공정거래위원회에 신청하여야 한다.

② 공정거래위원회는 소비자 중심경영을 활성화하기 위하여 대통령령으로 정하는 바에 따라 소비자 중심경영인증을 받은 기업에 대하여 포상 또는 지원 등을 할 수 있다.

③ 소비자중심경영인증의 유효기간은 그 인증을 받은 날부터 2년으로 한다.

④ 소비자중심경영인증을 받은 사업자는 대통령령으로 정하는 바에 따라 그 인증의 표시를 할 수 있다.

**4.** 「소비자기본법」상 사업자가 제공하는 물품 또는 용역을 소비생활을 위하여 사용하는 자 또는 생산활동을 위하여 사용하는 자로서 대통령령이 정하는 자는 누구인가?

① 사업자단체

② 사업자

③ 소비자단체

④ 소비자

**5.** 「수의사법」상 수의사는 농림축산식품부령으로 정하는 바에 따라 최초로 면허를 받은 후부터 몇 년마다 그 실태와 취업상황 등을 대한 수의사회에 신고하여야 하는가?

① 4년

② 3년

③ 2년

④ 1년

**6.** 괄호 안에 들어갈 말로 가장 적절한 것은?

> 동물병원 개설자가 동물진료업을 휴업하거나 폐업한 경우에는 지체 없이 관할 시장·군수에게 신고하여야 한다. 다만, (    ) 이내의 휴업인 경우에는 그러하지 아니하다.

① 5일
② 15일
③ 20일
④ 30일

**7.** 직업윤리 및 개인윤리의 조화에 대한 내용으로 가장 적절하지 않은 것은?

① 특수 직무 상황에서는 개인적 덕목 차원의 일반적인 상식 및 기준으로는 규제할 수 없는 경우가 적다.
② 직장이라는 특수상황에서 갖는 집단적 인간관계는 가족관계나 개인적 선호에 의한 친분 관계와는 다른 측면의 배려가 요구된다.
③ 많은 사람이 관련되어 고도화된 공동의 협력을 요구하므로 맡은 역할에 대한 책임완수가 필요하며, 정확하고 투명하게 일을 처리해야 한다.
④ 업무상 개인의 판단과 행동이 사회적 영향력이 큰 기업시스템을 통하여 다수 이해관계자와 관련을 맺게 된다.

**8.** 직업의식은 직업에 대한 가치, 인식, 태도로 규정할 수 있다. 다음 중 직업의식에 대한 설명으로 적절하지 않은 것은?

① 직업과 업무를 개인의 신념으로 판단하여 행동한다.
② 일을 대하는 태도, 관념, 습관 등을 포괄적으로 이른다.
③ 시대적 상황에 따라 유동적이다.
④ 높은 급여, 일자리 안정성 등은 내재적 가치에 해당한다.

**9.** 「소비자기본법」상 소비자 생명·신체 또는 재산에 대한 위해를 방지하기 위해 사업자가 지켜야 할 기준으로 옳은 것은?

① 물품 등의 성분·함량·구조 등 안전에 관한 중요한 사항
② 사용방법, 사용·보관할 때의 주의사항 및 경고사항
③ 표시의 크기·위치 및 방법
④ 물품 등에 따른 불만이나 소비자 피해가 있는 경우의 처리기구 및 처리방법

**10.** 「소비자기본법」상 한국소비자원의 업무에 관한 사항으로 옳지 않은 것은?

① 소비자의 불만처리 및 피해구제
② 국가 또는 지방자치단체가 소비자의 권익증진과 관련하여 의뢰한 조사 등의 업무
③ 소비자의 권익증진·안전 및 소비생활의 향상을 위한 정보의 수집·제공 및 국제협력
④ 판매자의 권익과 관련된 제도와 정책의 연구 및 건의

**11.** 「수의사법」상 수의사 국가시험에 관한 내용으로 옳지 않은 것은?

① 수의사 국가시험 실시에 필요한 사항은 대통령령으로 정한다.
② 수의사 국가시험은 매년 보건복지부 장관이 시행한다.
③ 농림축산식품부 장관은 수의사 국가시험의 관리를 대통령령으로 정하는 바에 따라 시험 관리 능력이 있다고 인정되는 관계 전문기관에 맡길 수 있다.
④ 수의사 국가시험은 동물의 진료에 필요한 수의학과 수의사로서 갖추어야 할 공중위생에 관한 지식 및 기능에 대하여 실시한다.

**12.** 「수의사법」상 동물진료법인의 설립 허가에 관한 사항으로 옳지 않은 것은?

① 동물진료법인은 그 법인이 개설하는 동물병원에 필요한 시설이나 시설을 갖추는 데에 필요한 자금을 보유하여야 한다.
② 동물진료법인이 재산을 처분하거나 정관을 변경하려면 농림축산식품부 장관의 허가를 받아야 한다.
③ 동물진료법인이 아니면 동물진료법인이나 이와 비슷한 명칭을 사용할 수 없다.
④ 동물진료법인을 설립하려는 자는 대통령령으로 정하는 바에 따라 정관과 그 밖의 서류를 갖추어 그 법인의 주된 사무소의 소재지를 관할하는 시·도지사의 허가를 받아야 한다.

**13.** 동물보호의 기본원칙으로 적절하지 않은 것은?

① 동물이 언제라도 자유로이 여행을 할 수 있도록 할 것
② 동물이 고통·상해 및 질병으로부터 자유롭도록 할 것
③ 동물이 공포와 스트레스를 받지 아니하도록 할 것
④ 동물이 갈증 및 굶주림을 겪거나 영양이 결핍되지 아니하도록 할 것

**14.** 「소비자기본법」상 소비자의 권익증진 관련 기준의 준수에 관한 설명으로 옳지 않은 것은?

① 국가가 정한 표시기준을 위반하여서는 아니 된다.
② 국가가 정한 기준에 위반되는 물품 등을 제조·수입·판매하거나 제공하여서는 아니 된다.
③ 국가가 정한 개인정보의 보호 기준을 위반해도 된다.
④ 국가가 정한 광고 기준을 위반하여서는 아니 된다.

**15.** 「수의사법」상 동물 진단용 특수의료장비의 설치·운영에 관한 내용으로 옳지 않은 것은?

① 동물을 진단하기 위하여 농림축산식품부장관이 고시하는 의료장비를 설치·운영하려는 동물병원 개설자는 농림축산식품부령으로 정하는 바에 따라 그 장비를 농림축산식품부장관에게 등록하여야 한다.
② 동물병원 개설자는 동물 진단용 특수의료장비를 보건복지부령으로 정하는 설치 인정기준에 맞게 설치·운영하여야 한다.
③ 동물병원 개설자는 품질관리검사 결과 부적합 판정을 받은 동물 진단용 특수의료장비를 사용하여서는 안된다.
④ 동물병원 개설자는 동물 진단용 특수의료장비를 설치한 후에는 농림축산식품부령으로 정하는 바에 따라 농림축산식품부장관이 실시하는 정기적인 품질관리검사를 받아야 한다.

**16.** 「동물보호법」상 동물실험의 원칙에 대한 내용으로 옳지 않은 것은?

① 동물실험은 실험동물의 윤리적 취급과 과학적 사용에 관한 지식과 경험을 보유한 자가 시행하여야 하며 필요한 최소한의 동물을 사용하여야 한다.
② 실험동물의 고통이 수반되는 실험을 하려는 경우에는 감각 능력이 낮은 동물을 사용하고 진통제·진정제·마취제의 사용 등 수의학적 방법에 따라 고통을 덜어주기 위한 적절한 조치를 하여야 한다.
③ 동물실험을 한 자는 그 실험이 끝난 후 지체 없이 해당 동물을 검사하여야 하며, 검사 결과 정상적으로 회복한 동물이라도 실험에 활용되었으므로 기증하거나 분양할 수 없다.
④ 동물실험은 인류의 복지 증진과 동물 생명의 존엄성을 고려하여 실시되어야 한다.

**17.** 「소비자기본법」상 한국소비자원의 정관에 기재해야 하는 사항으로 옳지 않은 것은?

① 재산 및 회계에 관한 사항
② 목적
③ 외부규정의 제정 및 개정에 관한 사항
④ 이사회의 운영에 관한 사항

**18.** 농림축산식품부 장관이 인증농장에 대해 지원할 수 있는 내용으로 거리가 먼 것은?

① 인증농장에서 생산한 축산물의 재판매를 위한 거래 경쟁시장 발굴에 대한 방안의 강구
② 인증농장에서 생산한 축산물의 해외시장의 진출·확대를 위한 정보제공, 홍보활동 및 투자유치
③ 인증농장의 환경개선 및 경영에 관한 지도·상담 및 교육
④ 동물의 보호·복지 증진을 위하여 축사시설 개선에 필요한 비용

**19.** 「소비자기본법」상 조정위원의 위원에 해당하는 자는?

① 대학이나 공인된 연구기관에서 정규직에 있었던 자
② 소비자단체의 임원의 직에 있거나 있었던 자
③ 6급 이상의 공무원 또는 이에 상당하는 공공기관의 직에 있거나 있었던 자
④ 대통령령이 정하는 경제단체에서 추천하는 소비자대표

**20.** 「동물보호법」상 명예동물보호관에 대한 내용으로 옳지 않은 것은?

① 농림축산식품부 장관, 시·도지사 및 시장·군수·구청장은 동물의 학대 방지 등 동물보호를 위한 지도·계몽 등을 위하여 명예동물보호관을 위촉할 수 있다.
② 명예동물보호관의 자격, 위촉, 해촉, 직무, 활동 범위와 수당의 지급 등에 관한 사항은 농림축산식품부령으로 정한다.
③ 명예동물보호관이 그 직무를 수행하는 경우에는 신분을 표시하는 증표를 지니고 이를 관계인에게 보여 주어야 한다.
④ 명예동물보호관은 직무를 수행할 때에는 부정한 행위를 하거나 권한을 남용하여서는 아니 된다.

## 05 보호자 교육 및 상담(20문항)

**1. 다견가정 입양 시 주의사항으로 적절하지 않은 것은?**

① 사료를 줄 때에는 사료 먹는 장소를 분리하지 않는 것이 좋다.
② 새로 오는 반려견을 입양할 시에는 이전에 존재하는 반려견의 특성을 고려해야 한다.
③ 대형견 및 소형견의 조합인 경우 소형견이 다칠 위험성이 높다.
④ 암캐 및 수캐의 조합인 경우 발정기에 나타날 수 있는 문제에 대한 방안을 필요로 한다.

**2. 강아지 먹이를 주는 방법으로 적절하지 않은 것은?**

① 성장에 따라 머리 높이에 맞게 밥그릇의 높이를 조절해 주어야 한다.
② 일정한 분량의 먹이를 제공해야 한다.
③ 다양한 맛을 느낄 수 있도록 사료를 자주 바꿔줘야 한다.
④ 정해진 밥그릇, 물그릇 등을 제공하며 강아지들의 청결에 신경을 써야 한다.

**3. 커뮤니케이션에 관한 내용 중 옳지 않은 사항은?**

① 커뮤니케이션은 정보, 감정, 지식, 태도 등을 음성 또는 문자 등을 통해 이를 전달하거나 교환함으로써 서로 간의 공감대를 만드는 의사전달과정을 말한다.
② 커뮤니케이션은 고객들로부터 명확한 정보를 취득하기 위한 수단이다.
③ 커뮤니케이션은 상대와 어떠한 관계에 있는지에 따라 주거니 받거니 하는 내용 또는 전달방식이 달라진다.
④ 커뮤니케이션은 단방향으로 진행되는 활동이다.

**4. 구성원들이 자신이 속한 집단이나 조직에서 이루어지는 고충, 기쁨, 만족감이나 불쾌감 등을 토로하며 자신의 감정을 표출하고 다른 사람과의 교류를 넓혀나가는 커뮤니케이션 기능은?**

① 정보전달기능
② 정서기능
③ 동기유발기능
④ 통제기능

**5. 커뮤니케이션에 대한 상황장애요인으로 옳지 않은 것은?**

① 정보의 과중
② 커뮤니케이션 분위기의 문제
③ 어의 상의 문제
④ 언어적 메시지

**6. 다음 중 I-Message에 대한 설명으로 적절하지 않은 것은?**

① 상대에게 개방적이라는 느낌을 전달하게 된다.
② 상대에게 솔직하다는 느낌을 전달하게 된다.
③ 상대가 나의 입장과 감정을 전달해서 상호 이해를 돕는다.
④ 상대는 변명하려 하거나 반감, 저항, 공격성을 보인다.

**7. 효과적인 주장을 하기 위한 AREA 법칙에 대한 설명으로 적절하지 않은 것은?**

① 주장(assertion) - 주장의 핵심을 먼저 말한다.
② 이유(reasoning) - 주장의 근거를 설명한다.
③ 증거(evidence) - 주장의 근거에 대한 증거를 제시한다.
④ 주장(assertion) - 주장을 설득한다.

8. 고객의 특징 중 적절하지 않은 것은?

① 고객은 회사가 자신을 알아주기를 바란다.
② 고객은 첫인상 등에 상당히 민감하다.
③ 고객은 쉽게 변하지 않는다.
④ 고객은 신속하면서도 명확한 서비스를 좋아하며 기대한다.

9. 보호자 상담 시 피해야 하는 질문 유형으로 옳은 것은?

① 폐쇄형 질문
② 개방형 질문
③ '왜(why)' 질문
④ 응답 되풀이 질문

10. 보호자와 상담 시 라포 형성 방법 중 언어적 의사소통 기술로 옳은 것은?

① 보호자의 감정적 호소에 호응한다.
② 보호자와 눈을 맞추며 대화한다.
③ 보호자의 자세를 관찰하고 적절히 대응한다.
④ 보호자의 표정을 관찰하고 적절히 대응한다.

11. 다음 중 고객에 대한 컴플레인 응대의 원칙이 아닌 것은?

① 사과
② 정보의 활용
③ 책임의 공유
④ 과정 비공개

12. 다음 중 컴플레인 해결의 기본원칙에 속하지 않는 것은?

① 언어절제의 원칙
② 감정통제의 원칙
③ 역지사지의 원칙
④ 진실성의 원칙

13. 개방형 질문에 대한 설명으로 옳지 않은 것은?

① 주관식 형태의 자유로운 답을 할 수 있는 질문의 형태이다.
② 응답자들로부터 창의적인 응답의 추출이 가능하다.
③ 나타난 대안 중에서 선택을 해야 하는 문제점이 존재한다.
④ 이렇게 수집한 내용에 대해서 코딩하기가 상당히 어렵다.

14. 화법에 대한 내용으로 옳지 않은 것은?

① 보상화법은 단점이 있으면 반대급부로 장점이 있기 마련이라는 것을 강조한다.
② 전달화법은 상대방의 잘못을 객관적으로 전달하는 것이다.
③ 신뢰화법은 상대와의 대화를 통해 신뢰를 얻는 것이다.
④ 청유형화법은 명령이 아닌 부탁이나 공유하는 등의 표현을 사용한다.

15. 다음 중 효과적인 화법이 아닌 것은?

① 직접성
② 성실성
③ 명료성
④ 주관성

16. 반려견 보호자로부터 대면 폭언을 들었을 경우, 대처 방법으로 옳지 않은 것은?

① 응대 종료
② 녹음 및 녹화 안내
③ 궁극적 동기에 대한 이해
④ 폭력 및 협박 관련 법규 위반 안내

17. 반려견 보호자의 민원유형에 대한 설명으로 옳지 않은 것은?

① 간접 반려견 보호자는 최종적인 소비를 하는 반려견 보호자이다.
② 잠재 반려견 보호자는 추후 활용 가능성이 있거나 또는 높은 반려견 보호자이다.
③ 일반 반려견 보호자는 지속적으로 기관과 믿음을 형성하며 동시에 우호적인 반려견 보호자이다.
④ 불량 반려견 보호자는 소비자보호법을 악용해 반려견 관련 제품(먹이, 미용용품 등)을 지속적으로 반품을 시도하는 고객이다.

18. 커뮤니케이션 이론의 메라비언의 법칙(the law of mehrabian)에서 이미지 형성 시 시각적인 부분이 차지하는 비중은 얼마인가?

① 22%
② 37%
③ 48%
④ 55%

19. 사람들과의 관계에서 서로에게 호감을 느끼고 긍정적인 관계를 형성 즉, 신뢰와 친근함으로 이루어지는 관계를 무엇이라고 하는가?

① 라포(rapport)
② 보호(protection)
③ 따스함(warm)
④ 행동(behavior)

20. 기존의 신념 및 갈등 등을 일으키게 되는 메시지는 부정하거나 왜곡하고 이에 대해 귀를 기울이지 않으며 해당 정보를 거부하려는 경향을 무엇이라고 하는가?

① 신뢰도의 결핍
② 선택적 청취
③ 선입관
④ 반응적 피드백의 부족

# 반려동물
# 행동지도사
## 복투모의고사

**성명**

**성**

(지 명 성)

**생년월일**

| | 0 | 1 | 2 | 3 | 4 | 5 | 6 | 7 | 8 | 9 |
|---|---|---|---|---|---|---|---|---|---|---|

## 01 반려동물 행동학

|  |  |  |  |  |
|---|---|---|---|---|
| 1 | ① | ② | ③ | ④ |
| 2 | ① | ② | ③ | ④ |
| 3 | ① | ② | ③ | ④ |
| 4 | ① | ② | ③ | ④ |
| 5 | ① | ② | ③ | ④ |
| 6 | ① | ② | ③ | ④ |
| 7 | ① | ② | ③ | ④ |
| 8 | ① | ② | ③ | ④ |
| 9 | ① | ② | ③ | ④ |
| 10 | ① | ② | ③ | ④ |
| 11 | ① | ② | ③ | ④ |
| 12 | ① | ② | ③ | ④ |
| 13 | ① | ② | ③ | ④ |
| 14 | ① | ② | ③ | ④ |
| 15 | ① | ② | ③ | ④ |
| 16 | ① | ② | ③ | ④ |
| 17 | ① | ② | ③ | ④ |
| 18 | ① | ② | ③ | ④ |
| 19 | ① | ② | ③ | ④ |
| 20 | ① | ② | ③ | ④ |

## 02 반려동물 관리학

|  |  |  |  |  |
|---|---|---|---|---|
| 21 | ① | ② | ③ | ④ |
| 22 | ① | ② | ③ | ④ |
| 23 | ① | ② | ③ | ④ |
| 24 | ① | ② | ③ | ④ |
| 25 | ① | ② | ③ | ④ |
| 26 | ① | ② | ③ | ④ |
| 27 | ① | ② | ③ | ④ |
| 28 | ① | ② | ③ | ④ |
| 29 | ① | ② | ③ | ④ |
| 30 | ① | ② | ③ | ④ |
| 31 | ① | ② | ③ | ④ |
| 32 | ① | ② | ③ | ④ |
| 33 | ① | ② | ③ | ④ |
| 34 | ① | ② | ③ | ④ |
| 35 | ① | ② | ③ | ④ |
| 36 | ① | ② | ③ | ④ |
| 37 | ① | ② | ③ | ④ |
| 38 | ① | ② | ③ | ④ |
| 39 | ① | ② | ③ | ④ |
| 40 | ① | ② | ③ | ④ |

## 03 반려동물 훈련학

|  |  |  |  |  |
|---|---|---|---|---|
| 41 | ① | ② | ③ | ④ |
| 42 | ① | ② | ③ | ④ |
| 43 | ① | ② | ③ | ④ |
| 44 | ① | ② | ③ | ④ |
| 45 | ① | ② | ③ | ④ |
| 46 | ① | ② | ③ | ④ |
| 47 | ① | ② | ③ | ④ |
| 48 | ① | ② | ③ | ④ |
| 49 | ① | ② | ③ | ④ |
| 50 | ① | ② | ③ | ④ |
| 51 | ① | ② | ③ | ④ |
| 52 | ① | ② | ③ | ④ |
| 53 | ① | ② | ③ | ④ |
| 54 | ① | ② | ③ | ④ |
| 55 | ① | ② | ③ | ④ |
| 56 | ① | ② | ③ | ④ |
| 57 | ① | ② | ③ | ④ |
| 58 | ① | ② | ③ | ④ |
| 59 | ① | ② | ③ | ④ |
| 60 | ① | ② | ③ | ④ |

## 04 직업윤리 및 법률

|  |  |  |  |  |
|---|---|---|---|---|
| 61 | ① | ② | ③ | ④ |
| 62 | ① | ② | ③ | ④ |
| 63 | ① | ② | ③ | ④ |
| 64 | ① | ② | ③ | ④ |
| 65 | ① | ② | ③ | ④ |
| 66 | ① | ② | ③ | ④ |
| 67 | ① | ② | ③ | ④ |
| 68 | ① | ② | ③ | ④ |
| 69 | ① | ② | ③ | ④ |
| 70 | ① | ② | ③ | ④ |
| 71 | ① | ② | ③ | ④ |
| 72 | ① | ② | ③ | ④ |
| 73 | ① | ② | ③ | ④ |
| 74 | ① | ② | ③ | ④ |
| 75 | ① | ② | ③ | ④ |
| 76 | ① | ② | ③ | ④ |
| 77 | ① | ② | ③ | ④ |
| 78 | ① | ② | ③ | ④ |
| 79 | ① | ② | ③ | ④ |
| 80 | ① | ② | ③ | ④ |

## 05 보호자 교육 및 상담

|  |  |  |  |  |
|---|---|---|---|---|
| 81 | ① | ② | ③ | ④ |
| 82 | ① | ② | ③ | ④ |
| 83 | ① | ② | ③ | ④ |
| 84 | ① | ② | ③ | ④ |
| 85 | ① | ② | ③ | ④ |
| 86 | ① | ② | ③ | ④ |
| 87 | ① | ② | ③ | ④ |
| 88 | ① | ② | ③ | ④ |
| 89 | ① | ② | ③ | ④ |
| 90 | ① | ② | ③ | ④ |
| 91 | ① | ② | ③ | ④ |
| 92 | ① | ② | ③ | ④ |
| 93 | ① | ② | ③ | ④ |
| 94 | ① | ② | ③ | ④ |
| 95 | ① | ② | ③ | ④ |
| 96 | ① | ② | ③ | ④ |
| 97 | ① | ② | ③ | ④ |
| 98 | ① | ② | ③ | ④ |
| 99 | ① | ② | ③ | ④ |
| 100 | ① | ② | ③ | ④ |

# 반려동물
# 행동지도사 2급

## -제3회 모의고사-

| 성 명 | | 생년월일 | |
|---|---|---|---|
| 문항 수 | 100문항 | 점 수 | _____ / 100점 |

---

### 〈 유의사항 〉

- 문제지 및 답안지의 해당란에 문제유형, 성명, 응시번호를 정확히 기재하세요.
- 모든 기재 및 표기사항은 "컴퓨터용 흑색 수성 사인펜"만 사용합니다.
- 예비 마킹은 중복 답안으로 판독될 수 있습니다.

## 01 반려동물 행동학(20문항)

**1.** 〈보기〉의 내용과 가장 관련이 깊은 것은?

---- 보기 ----

동일한 종이라 할지라도 각 개체마다 처한 환경의 특성에 의해 각기 다른 행동을 보일 수 있다.

① 감각
② 유전
③ 학습
④ 적응도

**2.** 반려견의 마킹(marking) 행동이 의미하는 것은?

① 세력권, 경고, 무리 보호 등을 목적으로 행동한다.
② 가족 또는 동료 간 연대를 강화하는 행동이다.
③ 두려움을 느낄 때 나타나는 행동이다.
④ 가장 기본적이고 중요한 개체유지행동이다.

**3.** 반려견의 시각이 발달하여 물체의 형태를 구분할 수 있는 시기는?

① 생후 2주
② 생후 4주
③ 6주
④ 8주

**4.** 단일종 가운데 자연환경에 가장 잘 적응한 개체만이 살아남아 생존 경쟁을 벌이며, 자연이 생존에 적합한 생물을 스스로 선택한다는 이론은?

① 자연도태
② 진화
③ 생애
④ 사회적행동

**5.** 반려견의 행동발달 단계에서 사회화 시기에 대한 내용으로 옳지 않은 것은?

① 반려견들의 성격이 형성되는 시기이다.
② 이 시기의 반려견은 어미견, 인간과의 관계를 학습하게 되는 시기라 할 수 있다.
③ 애착 대상이 생물적 요인에 한정된다.
④ 치아가 나오고 배설행동 또는 섭식행동이 성년형을 보인다.

**6.** 반려견의 행동발달 단계 중 대상에 따른 공포심을 가질 수 있는 일종의 '퇴행 현상'이 나타날 수 있는 시기는?

① 청소년기
② 노년기
③ 성년기
④ 신생아기

7. 〈보기〉가 설명하는 '이것'은 무엇인가?

   ─── 보기 ───
   - '이것'은 아주 오래전 중앙아메리카에서 발견된 품종이다.
   - 아즈텍 문명에서는 개가 사후 세계를 안내해준 다고 믿어서 가족이 죽게 되면 '이것'을 함께 묻는 관습이 존재하였다.

   ① 치와와
   ② 골든 리트리버
   ③ 푸들
   ④ 포메라니안

8. 개들의 후각을 통한 커뮤니케이션(의사소통) 특성으로 옳지 않은 것은?

   ① 번식단계에 대한 정보를 파악할 수 있다.
   ② 오랜만에 만난 개들은 항문 주위 냄새를 오랫동안 맡는다.
   ③ 세력권자가 마지막으로 언제 지나갔는지 알 수 있다.
   ④ 개 후각은 인간과 비슷하다.

9. 반려견이 하품할 때 보이는 시그널로 옳지 않은 것은?

   ① 피곤
   ② 불안
   ③ 흥분
   ④ 진정

10. 16세기부터 예민한 후각으로 새를 찾아 사냥을 도와주던 플러싱 도그(flushing dog)였으며 비글, 슈나우저와 함께 3대 악마견으로 불리는 품종은?

    ① 닥스훈트
    ② 사모예드
    ③ 파피용
    ④ 코커 스패니얼

11. 반려견의 갈등 행동 중 만족하지 못한 욕구를 다른 대상에 나타내는 행동은?

    ① 전위행동
    ② 전가행동
    ③ 진공행동
    ④ 양가행동

12. 카밍 시그널(calming signal)에서 '고개 돌리기'에 해당하는 내용은?

    ① 상대를 진정시키거나 불편한 상황이라는 것을 알리는 시그널
    ② 상대방에게 '놀자'의 의미를 전달하고자 하는 시그널
    ③ 다른 개가 흥분한 상태로 빨리 접근하거나 정면으로 접근할 때 표현하는 시그널
    ④ 자신보다 큰 개가 자신의 몸을 냄새 맡을 때 표현하는 시그널

**13.** 다음 중 반려견의 의사표현과 그 의미를 잘못 연결한 것은?

① 보호자가 나간 후 짖는다. – 경고/공격성
② 우~ 우~ 소리를 내며 운다. – 외로움
③ 다리를 들고 마킹한다. – 영역 표시
④ 입을 크게 벌린다. – 무료함

**14.** 개의 다섯 가지 감각 중 가장 먼저 발달하는 감각은?

① 청각
② 후각
③ 시각
④ 미각

**15.** 반려견에게 가벼운 스트레스를 주면서 성장하면서 겪게 되는 고통과 공포를 훈련하는 시기는?

① 이행기
② 신생아기
③ 사회화기
④ 청소년기

**16.** 다음 중 토이 견종이 아닌 것은?

① 닥스훈트
② 시츄
③ 푸들
④ 말티즈

**17.** 〈보기〉는 동물행동학 네 가지 관점 중 무엇에 해당하는가?

보기

수캐의 다리들기 배뇨는 세력권 주장의 의미로 해석할 수 있는데 이처럼 행동의 의미를 연구한다.

① 진화
② 발달
③ 궁극요인
④ 지근요인

**18.** 다음 중 반려견의 이상행동에 속하는 문제행동을 모두 고르면?

㉠ 섭식행동
㉡ 몸치장행동
㉢ 상동행동
㉣ 변칙행동
㉤ 호신행동

① ㉠㉡
② ㉢㉣
③ ㉠㉢㉣
④ ㉡㉣㉤

**19.** 비글의 특징으로 옳지 않은 것은?

① 꼬리의 끝부분은 흰색이고, 그 형태는 위로 곧게 뻗어있는 형태를 취한다.
② 시각은 예민한 반면, 후각은 다른 품종에 비해 둔감하다.
③ 하운드 견종 중 덩치가 가장 작다.
④ 귀의 폭이 넓으며, 쳐진 형태를 띠고 있다.

**20.** 암캐의 발정주기를 순서대로 나열한 것은?

① 무발정기 → 발정전기 → 발정기 → 발정휴지기
② 무발정기 → 발정휴지기 → 발정전기 → 발정기
③ 발정전기 → 발정휴지기 → 발정기 → 무발정기
④ 발정전기 → 발정기 → 발정휴지기 → 무발정기

## 02 반려동물 관리학(20문항)

**1. 다음 중 개의 신체상 부위의 특징에 관한 내용으로 적절하지 않은 설명은?**

① 눈동자는 대부분이 원형의 형태를 띠고 있다.
② 어깨 높이는 대부분 80 ~ 90cm이다.
③ 꼬리는 통상적으로 몸통 길이의 반 이상이다.
④ 털의 컬러나 무늬는 품종에 따라 다양하다.

**2. 동물분류학상 개의 분류로 옳은 것을 모두 고르면?**

| ㉠ 척추동물문 | ㉡ 포유동물강 |
| ㉢ 식육목 | ㉣ 두삭동물문 |
| ㉤ 미삭동물문 | |

① ㉠㉡
② ㉣㉤
③ ㉠㉡㉢
④ ㉢㉣㉤

**3. 윗눈껏풀과 아랫눈꺼풀 외에 내측에 존재하는 주름진 얇은 막으로, 일부 척추동물에게서 볼 수 있는 것은?**

① 시신경
② 모양체
③ 눈물샘
④ 제3안검

**4. 뇌에서부터 나온 각종 정보를 반려견 신체 각각의 부위에 전달하는 줄기 역할을 하는 곳은?**

① 근육
② 척수
③ 뇌
④ 관절

**5. 개의 내장근에 대한 설명으로 옳은 것은?**

① 운동신경 지배를 받아 움직이는 수의근이다.
② 심장을 구성하고 있는 근육이다.
③ 가로무늬가 없는 민무늬근이다.
④ 골격근과 생리작용이 동일하다.

**6. 다음은 개의 치아 특징으로 적절하지 않은 것은?**

① 송곳니는 원뿔형으로 길면서 끝이 뾰족하다.
② 앞니의 치아 뿌리는 3개이다.
③ 큰 어금니는 작은 어금니의 뒷부분을 차지하는 어금니이다.
④ 작은 어금니는 교합면이 넓은 앞쪽 부분을 차지하고 있는 어금니이다.

**7. 개의 소화기관의 하나인 소장에 대한 설명으로 옳지 않은 것은?**

① 십이지장은 유문으로부터 시작되는 소장의 첫 부분이다.
② 십이지장의 길이는 100cm 전후이다.
③ 회장은 소장의 끝부분에 해당한다.
④ 공장은 소장 중 가장 긴 부분에 해당한다.

8. 다음 중 개의 신장에 관한 내용으로 옳지 않은 것은?

① 통상적으로 오른쪽 신장이 왼쪽 신장에 비해 약간 앞부분에 위치한다.
② 신장은 복강으로부터 요추골을 사이에 두고 왼쪽, 오른쪽 1개씩 있다.
③ 신장은 대사 과정에서 만들어진 노폐물, 독성물질 등을 배출한다.
④ 신장 1개의 중량은 대략 80 ~ 90g이다.

9. 반려견의 체중이 갑작스럽게 감소했을 때 의심할 수 있는 질병이 아닌 것은?

① 장염
② 악성종양
③ 기생충
④ 부신피질 기능항진증

10. 다음 중 개의 혀에 대한 내용으로 거리가 먼 것은?

① 개의 침은 강한 알칼리성으로 살균력이 있다.
② 가시같은 돌기로 털을 그루밍한다.
③ 개는 혀를 통해 꼬리, 귀 등과 함께 감정을 표현하기도 한다.
④ 개의 경우에는 혀를 내밀면서 호흡하는 과정을 통해서 침을 증발시키고 체온을 조절한다.

11. 암캐의 생식기관에 대한 설명으로 적절하지 않은 것은?

① 자궁체는 1개이고, 자궁각에서 임신된다.
② 성숙난포에서 배출된 난자의 이동 통로를 난관이라고 한다.
③ 난소 크기는 길이가 2cm 정도이다.
④ 질 내 분비액은 난관의 이완을 활발하게 한다.

12. 테오브로민 성분으로 심장질환을 일으킬 수 있는 먹이는?

① 초콜릿
② 포도
③ 양파
④ 계란 흰자

13. 반려견 예방접종 시 주의사항으로 옳지 않은 것은?

① 예방접종 당일과 그 이튿날에는 운동이나 산책 등은 하지 않는 것이 좋다.
② 예방접종 후 발생할 수 있는 특이사항에 대비해 해당 병원의 진료 시간에 방문해 접종하는 것이 좋다.
③ 예방접종 후 당일에 목욕으로 반려견의 피로와 긴장을 풀어주는 것이 좋다.
④ 치료 및 접종을 같이 진행할 시, 부작용이 발생할 경우 원인의 파악이 어렵기 때문에 피하는 것이 좋다.

14. 반려견의 장염에 대한 설명 중 적절하지 않은 내용은?

① 절식하면서 상태가 호전되도록 한다.
② 장의 꼬임, 장 협착 등으로 인해 장이 막힌 것을 말한다.
③ 주로 탈수증상 소견을 보인다.
④ 스트레스, 세균 감염 등 그 발생원인은 다양하다.

15. 개 종합백신(DHPPL)으로 예방 가능한 질병이 아닌 것은?

① 켄넬코프
② 전염성 간염
③ 디스템퍼
④ 렙토스피라증

**16.** 통상적인 개의 정상적인 체온으로 옳은 것은?

① 33.1 ~ 34.3℃

② 37.2 ~ 39.2℃

③ 38.6 ~ 41.2℃

④ 40.3 ~ 43.6℃

**17.** 소형견의 정상적인 맥박으로 옳은 것은?

① 100 ~ 180회/분

② 90 ~ 160회/분

③ 80 ~ 120회/분

④ 70 ~ 90회/분

**18.** 통상적인 개의 정상 호흡수는?

① 46 ~ 62회/분

② 36 ~ 57회/분

③ 26 ~ 41회/분

④ 16 ~ 32회/분

**19.** 반려견의 체형 중 하나인 드워프 타입에 대한 설명으로 옳지 않은 것은?

① 몸길이가 몸높이보다 긴 체형이다.

② 다리를 길어보이게 하려면 언더라인의 털을 짧게 커트해야 한다.

③ 백 라인을 짧게 커트해야 키를 작아보이게 할 수 있다.

④ 다리에 비해 몸이 길다.

**20.** 부드럽고 짧은 털로, 루버 브러시로 죽은 털을 제거하고 피부를 자극하여 윤기 있게 관리해야 하는 모질은?

① 스무드 코트

② 실키 코트

③ 컬리 코트

④ 와이어 코트

**03** 반려동물 훈련학(20문항)

**1.** 반려견과 공놀이를 할 때 주의사항이 아닌 것은?

① 반려견이 물고 온 공을 긍정적인 보상을 하며 회수한다.

② 공놀이 후 사용한 장난감은 바로 정리한다.

③ 긴 시간 놀아주면서 체력 증진 및 예절 교육을 수행한다.

④ 놀이는 항상 즐거운 상태로 마무리되어야 한다.

**2.** 훈련하기 적절한 시기는?

① 생후 2개월

② 생후 3개월

③ 12개월 미만

④ 15개월 미만

**3.** 개들이 이해할 수 있는 방법으로 먹이 또는 좋아하는 장난감, 특정한 일의 표시를 통해 긍정 강화를 활용하는 훈련 방법은?

① 클리커

② 컨디셔닝

③ 스킨십

④ 크레이트

4. 반려견 훈련의 기술에서 물리적 압박 없이 행동 표시와 강화물을 활용해 새롭거나 개선된 행동으로 발전시키는 과정을 무엇이라고 하는가?

① 캡쳐링
② 루어링
③ 쉐이핑
④ 타게팅

5. 특정 공간을 알리며 정해진 목표지점 설정을 위해 사용되는 반려견 훈련 보조도구는?

① 방석
② 트레이트
③ 이동용 개집
④ 육각 케이지

6. 반려견이 처음으로 목줄 매는 습관을 길들일 때 쓰이며, 산책 시 보호자보다 앞서나가려고 할 때 착용하는 목줄은?

① 초크 체인
② 핀치 칼라
③ 광폭 목줄
④ 헤드 목줄

7. 반려견을 교육에 필요한 훈련 용어와 그 뜻의 연결이 옳지 않은 것은?

① 지래 – 불러들이기
② 수화 – 손짓 동작
③ 입지 – 서서 기다리기
④ 각측 보행 – 옆에서 따라다니기

8. 훈련 도구 중 하나인 더미에 관한 내용으로 옳지 않은 것은?

① 실 더미는 실을 길게 꼬아서 만든 더미를 말한다.
② 회수용 더미는 가죽으로 만든 더미를 말한다.
③ 순면 더미는 어린 강아지들의 놀이를 위해 만든 더미를 말한다.
④ 털 더미는 동물의 털을 활용해서 만든 더미를 말한다.

9. '옆에' 교육방법에 대한 설명으로 적절하지 않은 것은?

① 한 손으로는 리드 줄을 잡고 반대 손으로는 공 또는 간식 등을 들고 강아지들의 눈높이에서 관심을 끈다.
② 간식을 따라 강아지가 움직이면 반려견을 옆쪽으로 유인하며, 이때 사람도 같이 움직이면서 강아지가 먹이를 따라 움직여 옆에 위치시킨다.
③ 강아지가 옆에 위치했을 때, 손바닥으로 허벅지를 쳐 주면서 '옆에'라는 지시어를 하고 공 또는 간식을 주면서 칭찬 및 보상을 해 준다.
④ 강아지가 '옆에'에 익숙해지면, 자연스럽게 1보 정도 움직이면서 옆에 붙도록 유도한다.

10. 반려견의 문제행동 중 '공포 · 불안'에 해당하는 것은?

① 파괴행동
② 분리불안
③ 과잉포효
④ 공포성 공격행동

**11.** 다음 중 반려견에 대한 멀미 예방 방법으로 적절하지 않은 내용은?

① 차량 엔진 및 시끄러운 외부 소리는 스트레스의 원인이 될 수 있기 때문에 최대한 외부의 소음을 줄여주어야 한다.

② 반려견이 멀미를 심하게 하는 경우 차량 탑승하기 전에 수의사와의 상담을 통해 반려견 전용 멀미약을 처방하는 것도 도움이 된다.

③ 멀미예방을 위해 차량에 탑승할 때는 충분한 식사를 마친 후에 바로 타는 것이 좋다.

④ 후각이 예민한 반려견은 냄새에 민감하게 반응하므로 차량 내 환기를 통해 후각적인 자극을 최대한 줄여주는 것이 좋다.

**12.** 반려견 배뇨 및 배변 행동 교정으로 옳은 것은?

① 반려견이 자는 곳과 가까운 곳에 화장실을 설치한다.

② 패드 사용 시 지정 장소에서만 사용할 수 있도록 최대한 작게 만들어 준다.

③ 패드 사용 시 놀이장소와 구분할 수 있도록 간식을 이용한 보상은 하지 않는다.

④ 반려견이 패드 위를 밟으면 칭찬과 보상을 한다.

**13.** 공격성을 보이는 반려견을 안정시킬 때 할 수 있는 명령어는?

① 와

② 기다려

③ 앉아

④ 엎드려

**14.** 반려견이 새롭고 신기한 자극을 받으면 놀라거나 불안해하는데 이 자극이 고통이나 상해를 주는 것이 아니라고 인식하게 되면 자극의 반복을 통해 점차 익숙해질 수 있다. 이러한 과정을 무엇이라고 하는가?

① 순화

② 인식개선

③ 홍수법

④ 탈감작

**15.** 도그쇼에서 최고의 개에게 부여하는 최고상으로 옳은 것은?

① BOS

② BOB

③ BIG

④ BIS

**16.** 다음 핸들러에 대한 설명으로 옳지 않은 내용은?

① 언더 리드(under lead) – 리드의 버클 부분을 목의 아래로 늘어뜨리는 것을 말한다.

② 프리 스텐딩(free standing) – 오른쪽의 전후 다리를 동시에 앞으로 나갔을 때 좌측의 전후 다리가 동시에 차고 나가는 걸음을 말한다.

③ 터닝(turning) – 코너에서 몇 개의 턴 방법을 가려 사용해 방향 전환을 하는 것을 말한다.

④ 스터핑(stuffing) – 최상의 컨디션을 위해 작게 덩어리로 만든 먹이를 손으로 개 입에 넣어 먹이는 것을 말한다.

**17. 생후 8년 이상의 개가 출전할 수 있는 도그쇼 클래스는?**

① 퍼피 클래스
② 인터미디어트 클래스
③ 베테랑 클래스
④ 챔피언 클래스

**18. 반려견 문제 행동 교정에 들어가기 전에 문제 행동과 문제 행동을 파악하기 위한 관찰 사항의 연결이 적절하지 않은 것은?**

① 짖음 – 산책 중 냄새를 심하게 맡는지 확인한다.
② 공격성 – 아픔에 의한 공격인지 확인한다.
③ 과잉행동 – 누구에게 어떤 행동을 보이는지 확인한다.
④ 불안장애 – 폭행의 기억이 있는지 확인한다.

**19. 반려견 학습 중 긍정적 처벌에 해당되는 요소가 아닌 것은?**

① 질책
② 즉시
③ 적절하게
④ 일관되게

**20. 물리적 자극에 대한 내용으로 적절하지 않은 것은?**

① 물리적 방법을 활용하기 시작하면 그 의존도는 점점 커지게 된다.
② 물리적 자극은 반려견으로 하여금 훈련사에 대한 혐오감을 지니게 할 수 있다.
③ 물리적 자극은 반려견의 행동을 일시적으로 억제시킨다.
④ 물리적 자극의 활용은 반려견 교육에 매우 긍정적인 영향을 미친다.

## 04 직업윤리 및 법률(20문항)

**1. 「동물보호법」상 윤리위원회 위원의 임기는 몇 년인가?**

① 1년
② 2년
③ 3년
④ 4년

**2. 괄호 안에 들어갈 말로 가장 적절한 것은?**

> 영업자의 지위를 승계한 자는 그 지위를 승계한 날부터 ( ) 이내에 농림축산식품부령으로 정하는 바에 따라 특별자치시장·특별자치도지사·시장·군수·구청장에게 신고하여야 한다.

① 10일
② 20일
③ 30일
④ 50일

**3. 「소비자기본법」상 한국소비자원의 설립에 관한 내용으로 옳지 않은 것은?**

① 한국소비자원은 개인으로 한다.
② 한국소비자원은 그 주된 사무소의 소재지에서 설립등기를 함으로써 성립한다.
③ 소비자권익 증진시책의 효과적인 추진을 위하여 한국소비자원을 설립한다.
④ 한국소비자원은 공정거래위원회의 승인을 얻어 필요한 곳에 그 지부를 설치할 수 있다.

**4.** 「소비자기본법」상 한국소비자원의 임원 및 임기에 관한 설명으로 옳지 않은 것은?

① 부원장, 소장 및 상임이사는 원장이 임명한다.
② 비상임이사는 임원추천위원회가 복수로 추천한 사람 중에서 공정거래위원회 위원장이 임명한다.
③ 원장·부원장·소장 및 대통령령이 정하는 이사는 비상임으로 하고 그 밖의 임원은 상임으로 한다.
④ 원장의 임기는 3년으로 하고 부원장, 소장, 이사 및 감사의 임기는 2년으로 한다.

**5.** 「수의사법」상 농림축산식품부 장관 또는 시·도지사는 동물진료법인의 설립 허가를 취소할 수 있는데, 그 내용으로 옳지 않은 것은?

① 농림축산식품부 장관 또는 시·도지사가 감독을 위하여 내린 명령을 위반한 때
② 정관으로 정하지 아니한 사업을 한때
③ 설립된 날부터 3년 내에 동물병원을 개설하지 아니한 때
④ 동물진료법인이 개설한 동물병원을 폐업하고 2년 내에 동물병원을 개설하지 아니한 때

**6.** 다음은 한국소비자원의 피해구제에 관한 설명이다. 괄호 안에 들어갈 말을 순서대로 바르게 나열한 것은?

> 원장은 피해구제의 신청을 받은 날부터 ( ㉠ ) 이내에 합의가 이루어지지 아니하는 때에는 지체 없이 소비자 분쟁조정위원회에 분쟁조정을 신청하여야 한다. 다만, 피해의 원인규명 등에 상당한 시일이 요구되는 피해구제신청사건으로서 대통령령이 정하는 사건에 대하여는 ( ㉡ ) 이내의 범위에서 처리 기간을 연장할 수 있다.

① ㉠ 30일, ㉡ 60일
② ㉠ 60일, ㉡ 30일
③ ㉠ 30일, ㉡ 50일
④ ㉠ 50일, ㉡ 30일

**7.** 「수의사법」상 동물진료법인의 부대사업에 관한 설명으로 거리가 먼 것은?

① 부대사업을 하려는 동물진료법인은 보건복지부령으로 정하는 바에 따라 미리 동물병원의 소재지를 관할하는 시·도지사에게 신고하여야 한다. 신고사항을 변경하려는 경우에도 또한 같다.
② 시·도지사는 신고를 받은 경우 그 내용을 검토하여 이 법에 적합하면 신고를 수리하여야 한다.
③ 부설주차장의 설치·운영 등의 부대사업을 하려는 동물진료법인은 타인에게 임대 또는 위탁하여 운영할 수 있다.
④ 동물진료법인은 그 법인이 개설하는 동물병원에서 동물진료업무 외에 부대사업을 할 수 있는데, 이때 부대사업으로 얻은 수익에 관한 회계는 동물진료법인의 다른 회계와 구분하여 처리하여야 한다.

**8.** 다음은 「동물보호법」의 목적이다. 괄호 안에 들어갈 말로 옳은 것은?

> 이 법은 동물의 생명보호, 안전 보장 및 ( )을 꾀하고 건전하고 책임 있는 사육문화를 조성함으로써, 생명 존중의 국민 정서를 기르고 사람과 동물의 조화로운 공존에 이바지함을 목적으로 한다.

① 기본 원칙
② 복지 증진
③ 국민의 책무
④ 질병 예방

9. 「동물보호법」상 동물의 운송에 대한 설명으로 옳지 않은 것은?

① 동물을 싣고 내리는 과정에서 동물 또는 동물이 들어있는 운송용 우리를 던지거나 떨어뜨려서 동물을 다치게 하는 행위를 하지 않아야 한다.

② 병든 동물, 어린 동물 또는 임신 중이거나 포유 중인 새끼가 딸린 동물은 운송을 금지한다.

③ 동물을 운송하는 차량은 동물이 운송 중에 상해를 입지 않게 하고, 급격한 체온 변화, 호흡곤란 등으로 인한 고통을 최소화할 수 있는 구조로 되어 있어야 한다.

④ 운송 중인 동물에게 적합한 사료와 물을 공급하고, 급격한 출발·제동 등으로 충격과 상해를 입지 않도록 해야 한다.

10. 「소비자기본법」상 소비자 정책위원회에 관한 설명 중 옳지 않은 것은?

① 정책위원회는 통보받은 이행계획을 검토하여 그 결과를 공표할 수 있다.

② 중앙행정기관의 장 및 지방자치 단체의 장은 권고를 받은 날부터 1개월 내에 필요한 조치의 이행계획을 수립하여 정책위원회에 통보하여야 한다.

③ 정책위원회는 업무를 효율적으로 수행하기 위하여 정책위원회에 실무위원회와 분야별 전문위원회를 둘 수 있다.

④ 정책위원회는 소비자의 기본적인 권리를 제한하거나 제한할 우려가 있다고 평가한 법령·고시·예규·조례 등에 대하여 중앙행정기관의 장 및 지방자치 단체의 장에게 법령의 개선 등 필요한 조치를 권고할 수 있다.

11. 「수의사법」상 수의사회를 설립하려는 경우 그 대표자는 대통령령으로 정하는 바에 따라 정관과 그 밖에 필요한 서류를 누구에게 제출하여야 하는가?

① 농림축산식품부 장관

② 국무총리

③ 보건복지부 장관

④ 시·도지사

12. 「동물보호법」상 윤리위원회가 수행하는 기능으로 옳지 않은 것은?

① 동물실험에 대한 심의

② 동물복지축산농장의 인증

③ 동물실험이 원칙에 맞게 시행되도록 지도

④ 동물실험시행기관의 장에게 실험동물의 보호와 윤리적인 취급을 위하여 필요한 조치 요구

13. 「소비자기본법」상 한국소비자원 임원의 직무에 관한 사항으로 적절하지 않은 내용은?

① 원장은 한국소비자원을 대표하고 한국소비자원의 업무를 총괄한다.

② 소장은 부원장의 지휘를 받아 규정에 따라 설치되는 소비자안전센터의 업무를 총괄하며, 원장·부원장 및 소장이 아닌 이사는 정관이 정하는 바에 따라 한국소비자원의 업무를 분장한다.

③ 감사는 한국소비자원의 업무 및 회계를 감사한다.

④ 원장·부원장이 모두 부득이한 사유로 직무를 수행할 수 없는 때에는 상임이사·비상임이사의 순으로 정관이 정하는 순서에 따라 그 직무를 대행한다.

**14.** 「동물보호법」상 동물보호관에 대한 설명으로 옳지 않은 항목은?

① 농림축산식품부 장관, 시·도지사 및 시장·군수· 구청장은 동물의 학대 방지 등 동물보호에 관한 사무를 처리하기 위하여 소속 공무원 중에서 동물보호관을 지정하여야 한다.

② 누구든지 동물의 특성에 따른 출산, 질병 치료 등 부득이한 사유가 있는 경우를 제외하고는 동물보호관의 직무 수행을 거부·방해 또는 기피하여서는 아니 된다.

③ 동물보호관이 직무를 수행할 때에는 농림축산식품부령으로 정하는 증표를 지니고 이를 관계인에게 보여주어야 한다.

④ 동물보호관의 자격, 임명, 직무 범위 등에 관한 사항은 농림축산식품부령으로 정한다.

**15.** 「동물보호법」상 맹견의 관리에 대한 설명으로 옳지 않은 것은?

① 소유자 등이 없이 맹견을 기르는 곳에서 벗어나지 아니하게 한다.

② 월령이 3개월 이상인 맹견을 동반하고 외출할 때에는 맹견의 탈출을 방지할 수 있는 적정한 이동장치를 해야 한다.

③ 맹견사육허가를 받은 사람은 맹견의 안전한 사육·관리 또는 보호에 관하여 농림축산식품부령으로 정하는 바에 따라 정기적으로 교육을 받아야 한다.

④ 시·도지사와 시장·군수·구청장은 소유자 등의 동의 없이 맹견에 대하여 격리조치 등 필요한 조치를 취할 수 없다.

**16.** 「동물보호법」상 소유자 등에게 학대받은 동물을 보호랄 때 격리 조치할 수 있는 기간은?

① 5일 이상
② 7일 이상
③ 30일 이상
④ 60일 이상

**17.** 「수의사법」상 수의사가 발급하는 처방전에 기재되어야 하는 사항이 아닌 것은?

① 처방전 발급 연월일
② 동물 소유자 등의 전화번호
③ 처방 대상 동물의 예방접종 날짜
④ 처방전을 작성하는 수의사의 성명

**18.** 괄호 안에 들어갈 말로 가장 적절한 것은?

> 국가는 소비자와 사업자 사이에 발생하는 분쟁을 원활하게 해결하기 위하여 (          )이 정하는 바에 따라 소비자 분쟁해결기준을 제정할 수 있다.

① 대통령령
② 국무총리령
③ 농림축산식품부령
④ 행정안전부령

19. 「소비자기본법」상 소비자단체의 명칭, 주된 사무소의 소재지, 대표자 성명, 주된 사업 내용이 변경되었을 경우 며칠 이내에 통보하여야 하는가?

① 7일 이내
② 10일 이내
③ 20일 이내
④ 30일 이내

20. 「소비자기본법」상 소비자 단체에 대한 내용으로 옳지 않은 것은?

① 소비자 단체는 업무상 알게 된 정보를 소비자의 권익을 증진하기 위한 목적이 아닌 용도에 사용하여서는 안 된다.
② 소비자 단체는 규정에 따른 조사·분석 등의 결과를 공표할 수 있다.
③ 규정에 따라 자료 및 정보의 제공을 요청하였음에도 사업자 또는 사업자단체가 정당한 사유 없이 이를 거부·방해·기피하거나 거짓으로 제출한 경우에는 그 사업자 또는 사업자단체의 이름, 거부 등의 사실과 사유를 「신문 등의 진흥에 관한 법률」에 따른 일반 일간신문에 게재할 수 있다.
④ 소비자 단체는 사업자 또는 사업자 단체로부터 제공받은 자료 및 정보를 소비자의 권익을 증진하기 위한 목적이 아닌 용도로 사용함으로써 사업자 또는 사업자 단체에 손해를 끼쳤더라도 그 손해에 대하여 배상할 책임을 지지 않는다.

## 05 보호자 교육 및 상담(20문항)

1. 다음 중 사회화 과정에 관한 내용으로 가장 적절하지 않은 것은?

① 사회화가 부족할 경우 많은 문제행동을 유발한다.
② 강아지뿐만이 아닌 사람 및 다른 동물들과의 관계를 바르게 형성해 나가는 과정이다.
③ 사회화는 공공의 장소에서 나타날 수 있는 갈등을 완전히 제거하는 방법이다.
④ 강아지가 세상에 태어나서 사회 행동 패턴을 자신들의 몸에 익혀가게 되는 과정이다.

2. 제한급식을 자율급식으로 교체하는 내용 중 옳지 않은 것은?

① 강아지들이 설사하지 않거나 하는 등의 범위에서 4~5회 정도는 이전의 사료 양보다 더 적게 준다.
② 제한급식을 할 때의 양보다 조금씩 양을 더 줌으로써 강아지가 사료에 대한 욕심을 줄이게 하는 것이 우선이다.
③ 제한급식을 하게 하던 강아지에게 급작스레 자율급식으로 변화시키면 강아지들이 과식으로 인한 설사, 배탈 등의 문제가 발생할 수 있다.
④ 강아지들이 사료를 다 먹으면 다시금 밥그릇에 사료를 채워 준다.

3. 다음 중 효과적인 커뮤니케이션 방법으로 적절하지 않은 것은?

① 사전에 예상되는 장애 등에 대한 준비를 한다.
② 적극적인 경청을 통해 고객들의 니즈를 파악한다.
③ 신뢰할 수 있는 어려운 주제를 화제로 삼는다.
④ 상대방의 입장에서 이해하고 적극적인 태도 및 그에 따른 피드백을 해야 한다.

4. 다음 중 커뮤니케이션에 대한 송신자의 장애요인으로 적절하지 않은 것은?

① 대인감수성의 부족
② 선택적 청취
③ 준거 틀의 차이
④ 커뮤니케이션 기술의 부족

5. 단호한 표현보다는 감정이 상하지 않도록 미안한 마음을 먼저 전하는 화법으로 옳은 것은?

① 긍정화법
② 보상화법
③ 칭찬화법
④ 쿠션화법

6. 다음 중 효과적인 경청방법으로 가장 거리가 먼 것은?

① 말하는 사람에게 동화되도록 노력하라
② 온 몸으로 하는 맞장구는 삼가라.
③ 전달자의 메시지에 관심을 집중시켜라
④ 인내심을 지녀라

7. 다음 예시의 대화전달법에 대한 내용과 관련성이 가장 적은 것은?

> • 신문 그만 좀 보시고 내 말 좀 들어요
> • 게임 좀 그만 할 수 없어? 당장 컴퓨터 꺼
> • 담배 좀 피우지 마, 당신 때문에 온 집안이 담배 냄새야
> • 전화 받을 줄 몰라 왜 전화를 안 받아
> • 당신만 들어갔다 오면 화장실이 더러워

① 현재형의 사람, 배려심이 깊은 사람, 긍정적인 사람들이 이러한 전달법을 주로 쓴다.
② 듣는 이로 하여금 공격 받는다는 느낌을 갖게 하여 더욱 방어적이 되게 만든다.
③ 듣는 이로 하여금 귀를 막아버리거나, 자기변호에 급급하거나, 반박을 주로 하거나, 그 자리를 피해버리게 만드는 결과를 초래한다.
④ 위와 같은 전달법은 문제가 생기면 끊임없이 남의 탓을 한다.

8. 다음 중 고객 요구의 변화로 보기 가장 어려운 것은?

① 고객 의식의 개인화
② 고객 의식의 획일화
③ 고객 의식의 대등화
④ 고객 의식의 고급화

9. 차별적 대안으로 인해 비교분석을 가능하게 할 수 있게 해서 고객으로 하여금 직접적으로 구매가치를 결정할 수 있게 하는 고객행동 유발의 특성으로 옳은 것은?

① 대조 및 나열행동 효과
② 선도 효과
③ 세뇌행동 효과
④ 유인행동 효과

**10.** 다음의 사례는 FABE 화법을 활용한 대화내용이다. 이를 읽고 밑줄 친 부분에 대한 내용으로 가장 옳은 것을 고르면?

> 〈개인 보험가입에 있어서의 재무 설계 시 이점〉
> 상담원 : 저희 보험사의 재무 설계는 고객님의 자산 흐름을 상당히 효과적으로 만들어 줍니다.
> 상담원 : 그로 인해 고객님께서는 언제든지 원하는 때에 원하는 일을 이룰 수 있습니다.
> 상담원 : <u>그중에서도 가장 소득이 적고 많은 비용이 들어가는 은퇴시기에 고객님은 편안하게 여행을 즐기시고 또한 언제든지 친구들을 만나서 부담 없이 만나 행복한 시간을 보낼 수 있습니다.</u>
> 상담원 : 저희 보험사에서 재무 설계는 우선 예산을 조정해 드리고 있으며, 선택과 집중을 통해 고객님의 생애에 있어 가장 중요한 부분들을 먼저 준비할 수 있도록 도와드리기 때문입니다.

① 제시하는 상품의 특징을 언급하는 부분이라 할 수 있다.
② 이득이 발생할 수 있음을 예시하는 것이라 할 수 있다.
③ 해당 이익이 고객에게 반영될 시에 발생 가능한 상황을 공감시키는 과정이라고 할 수 있다.
④ 이익이 발생하는 근거를 설명하는 부분이다.

**11.** 다음 중 고객에 대한 컴플레인 응대 단계로 옳은 것은?

① 경청 → 약속 → 모색 → 사과 → 처리 → 공감 → 재사과 → 개선
② 공감 → 약속 → 사과 → 처리 → 모색 → 경청 → 재사과 → 개선
③ 사과 → 공감 → 경청 → 약속 → 모색 → 처리 → 재사과 → 개선
④ 경청 → 공감 → 사과 → 모색 → 약속 → 처리 → 재사과 → 개선

**12.** 다음 중 서비스 실패에 관한 내용으로 보기 어려운 것은?

① 제공받은 서비스에 대해서 심각하게 떨어지는 서비스 결과를 경험하는 것
② 인지하고 있는 허용범위 이하로 떨어지는 서비스 성과
③ 책임소재와는 관련 없이 서비스의 과정이나 또는 결과에 있어서 무언가 잘못된 것
④ 책임이 불분명한 과실

**13.** 고객의 입장에서 담당자가 자신의 문제를 해결해 줄 것인지 아닌지가 중요하다는 컴플레인 해결 원칙은?

① 감정통제의 원칙
② 피뢰침의 원칙
③ 언어절제의 원칙
④ 책임 공감의 원칙

**14.** 다음 중 글에 따른 의사소통의 내용으로 적절하지 않은 것은?

① 공식적 기록을 할 수 있다.
② 피드백을 얻기가 힘들다.
③ 분명한 하나의 해석이 존재한다.
④ 명확하면서도 권위가 있어 보인다.

**15.** 다음 중 반려견 보호자의 요구사항을 파악하기 위한 의사소통의 능력으로 가장 옳지 않은 것은?

① 반려견 보호자의 기분을 파악하는 능력
② 반려견 보호자와의 상담을 진행하는 능력
③ 반려견의 문제행동 요인 및 유형 등에 관한 파악 능력
④ 반려견의 문제행동 교정에 대한 과정과 그에 따른 방법을 파악하는 능력

16. 피터 살라 보이(peter salavoy)와 존 메이어(john mayer)가 처음 제시하고, 골먼이 1996년에 대중화시킨 용어로 자신이나 타인의 감정을 인지하는 개인의 능력을 의미하는 것은?

① 구조지능
② 상담지능
③ 감성지능
④ 개인지능

17. 다음 중 칼 알브레히트(karl albrecht)의 '고객서비스의 7가지 죄악'으로 옳지 않은 것은?

① 로봇화
② 융통성
③ 무시
④ 냉담

18. 다음 중 반려동물의 문제행동 교정과정을 순서대로 바르게 나열한 것은?

① 문제행동의 선별 → 약화계획의 설계 → 초기 목표의 수립 → 교정계획의 실행 → 문제행동 유지 조건의 확인 → 교정의 완료 및 추후의 평가
② 문제행동의 선별 → 초기 목표의 수립 → 약화계획의 설계 → 문제행동 유지 조건의 확인 → 교정계획의 실행 → 교정의 완료 및 추후의 평가
③ 초기 목표의 수립 → 문제행동의 선별 → 약화계획의 설계 → 문제행동 유지 조건의 확인 → 교정계획의 실행 → 교정의 완료 및 추후의 평가
④ 초기 목표의 수립 → 약화계획의 설계 → 초기 목표의 수립 → 교정계획의 실행 → 문제행동 유지 조건의 확인 → 교정의 완료 및 추후의 평가

19. '네', 또는 '아니오' 등으로 응답하게 하는 질문 형태는?

① 개방형 질문
② 조건형 질문
③ 폐쇄형 질문
④ 사실형 질문

20. 반려견 보호자 매뉴얼 MPT 회복 기법의 요소가 아닌 것은?

① 공감
② 사람
③ 장소
④ 시간

# 반려동물
# 행동지도사
## 복원모의고사

성명 (명)

성 명 (자 필)

| 생 년 월 일 | | | | | | | |
|---|---|---|---|---|---|---|---|
| ⓪ | ⓪ | ⓪ | ⓪ | ⓪ | ⓪ | ⓪ | ⓪ |
| ① | ① | ① | ① | ① | ① | ① | ① |
| ② | ② | ② | ② | ② | ② | ② | ② |
| ③ | ③ | ③ | ③ | ③ | ③ | ③ | ③ |
| ④ | ④ | ④ | ④ | ④ | ④ | ④ | ④ |
| ⑤ | ⑤ | ⑤ | ⑤ | ⑤ | ⑤ | ⑤ | ⑤ |
| ⑥ | ⑥ | ⑥ | ⑥ | ⑥ | ⑥ | ⑥ | ⑥ |
| ⑦ | ⑦ | ⑦ | ⑦ | ⑦ | ⑦ | ⑦ | ⑦ |
| ⑧ | ⑧ | ⑧ | ⑧ | ⑧ | ⑧ | ⑧ | ⑧ |
| ⑨ | ⑨ | ⑨ | ⑨ | ⑨ | ⑨ | ⑨ | ⑨ |

**01 반려동물 행동학**

|  |  |  |  |  |
|---|---|---|---|---|
| 1 | ① | ② | ③ | ④ |
| 2 | ① | ② | ③ | ④ |
| 3 | ① | ② | ③ | ④ |
| 4 | ① | ② | ③ | ④ |
| 5 | ① | ② | ③ | ④ |
| 6 | ① | ② | ③ | ④ |
| 7 | ① | ② | ③ | ④ |
| 8 | ① | ② | ③ | ④ |
| 9 | ① | ② | ③ | ④ |
| 10 | ① | ② | ③ | ④ |
| 11 | ① | ② | ③ | ④ |
| 12 | ① | ② | ③ | ④ |
| 13 | ① | ② | ③ | ④ |
| 14 | ① | ② | ③ | ④ |
| 15 | ① | ② | ③ | ④ |
| 16 | ① | ② | ③ | ④ |
| 17 | ① | ② | ③ | ④ |
| 18 | ① | ② | ③ | ④ |
| 19 | ① | ② | ③ | ④ |
| 20 | ① | ② | ③ | ④ |

**02 반려동물 관리학**

|  |  |  |  |  |
|---|---|---|---|---|
| 21 | ① | ② | ③ | ④ |
| 22 | ① | ② | ③ | ④ |
| 23 | ① | ② | ③ | ④ |
| 24 | ① | ② | ③ | ④ |
| 25 | ① | ② | ③ | ④ |
| 26 | ① | ② | ③ | ④ |
| 27 | ① | ② | ③ | ④ |
| 28 | ① | ② | ③ | ④ |
| 29 | ① | ② | ③ | ④ |
| 30 | ① | ② | ③ | ④ |
| 31 | ① | ② | ③ | ④ |
| 32 | ① | ② | ③ | ④ |
| 33 | ① | ② | ③ | ④ |
| 34 | ① | ② | ③ | ④ |
| 35 | ① | ② | ③ | ④ |
| 36 | ① | ② | ③ | ④ |
| 37 | ① | ② | ③ | ④ |
| 38 | ① | ② | ③ | ④ |
| 39 | ① | ② | ③ | ④ |
| 40 | ① | ② | ③ | ④ |

**03 반려동물 훈련학**

|  |  |  |  |  |
|---|---|---|---|---|
| 41 | ① | ② | ③ | ④ |
| 42 | ① | ② | ③ | ④ |
| 43 | ① | ② | ③ | ④ |
| 44 | ① | ② | ③ | ④ |
| 45 | ① | ② | ③ | ④ |
| 46 | ① | ② | ③ | ④ |
| 47 | ① | ② | ③ | ④ |
| 48 | ① | ② | ③ | ④ |
| 49 | ① | ② | ③ | ④ |
| 50 | ① | ② | ③ | ④ |
| 51 | ① | ② | ③ | ④ |
| 52 | ① | ② | ③ | ④ |
| 53 | ① | ② | ③ | ④ |
| 54 | ① | ② | ③ | ④ |
| 55 | ① | ② | ③ | ④ |
| 56 | ① | ② | ③ | ④ |
| 57 | ① | ② | ③ | ④ |
| 58 | ① | ② | ③ | ④ |
| 59 | ① | ② | ③ | ④ |
| 60 | ① | ② | ③ | ④ |

**04 직업윤리 및 법률**

|  |  |  |  |  |
|---|---|---|---|---|
| 61 | ① | ② | ③ | ④ |
| 62 | ① | ② | ③ | ④ |
| 63 | ① | ② | ③ | ④ |
| 64 | ① | ② | ③ | ④ |
| 65 | ① | ② | ③ | ④ |
| 66 | ① | ② | ③ | ④ |
| 67 | ① | ② | ③ | ④ |
| 68 | ① | ② | ③ | ④ |
| 69 | ① | ② | ③ | ④ |
| 70 | ① | ② | ③ | ④ |
| 71 | ① | ② | ③ | ④ |
| 72 | ① | ② | ③ | ④ |
| 73 | ① | ② | ③ | ④ |
| 74 | ① | ② | ③ | ④ |
| 75 | ① | ② | ③ | ④ |
| 76 | ① | ② | ③ | ④ |
| 77 | ① | ② | ③ | ④ |
| 78 | ① | ② | ③ | ④ |
| 79 | ① | ② | ③ | ④ |
| 80 | ① | ② | ③ | ④ |

**05 보호자 교육 및 상담**

|  |  |  |  |  |
|---|---|---|---|---|
| 81 | ① | ② | ③ | ④ |
| 82 | ① | ② | ③ | ④ |
| 83 | ① | ② | ③ | ④ |
| 84 | ① | ② | ③ | ④ |
| 85 | ① | ② | ③ | ④ |
| 86 | ① | ② | ③ | ④ |
| 87 | ① | ② | ③ | ④ |
| 88 | ① | ② | ③ | ④ |
| 89 | ① | ② | ③ | ④ |
| 90 | ① | ② | ③ | ④ |
| 91 | ① | ② | ③ | ④ |
| 92 | ① | ② | ③ | ④ |
| 93 | ① | ② | ③ | ④ |
| 94 | ① | ② | ③ | ④ |
| 95 | ① | ② | ③ | ④ |
| 96 | ① | ② | ③ | ④ |
| 97 | ① | ② | ③ | ④ |
| 98 | ① | ② | ③ | ④ |
| 99 | ① | ② | ③ | ④ |
| 100 | ① | ② | ③ | ④ |

# 반려동물 행동지도사 2급

## [정답 및 해설]

| 성 명 | | 생년월일 | |
|---|---|---|---|

| 제1회 모의고사 점수 | | 제2회 모의고사 점수 | | 제3회 모의고사 점수 | |
|---|---|---|---|---|---|
| 반려동물 행동학 | / 20 | 반려동물 행동학 | / 20 | 반려동물 행동학 | / 20 |
| 반려동물 관리학 | / 20 | 반려동물 관리학 | / 20 | 반려동물 관리학 | / 20 |
| 반려동물 훈련학 | / 20 | 반려동물 훈련학 | / 20 | 반려동물 훈련학 | / 20 |
| 직업윤리 및 법률 | / 20 | 직업윤리 및 법률 | / 20 | 직업윤리 및 법률 | / 20 |
| 보호자 교육 및 상담 | / 20 | 보호자 교육 및 상담 | / 20 | 보호자 교육 및 상담 | / 20 |

## 제 1 회 정답 및 해설

| 01 | 반려동물 행동학 | | | | | | | | |
|----|------|----|-----|----|-----|----|-----|----|-----|
| 1 | ① | 2 | ④ | 3 | ① | 4 | ② | 5 | ③ |
| 6 | ② | 7 | ③ | 8 | ② | 9 | ② | 10 | ① |
| 11 | ③ | 12 | ③ | 13 | ① | 14 | ③ | 15 | ③ |
| 16 | ② | 17 | ④ | 18 | ② | 19 | ③ | 20 | ① |

**1**　①

동물행동에 영향을 끼치는 요소로는 적응도, 학습, 동기부여, 동물의 감각, 진화 및 유전 등이 있다.

**2**　④

비숑 프리제는 조용한 성격의 품종이다.
①②③ 활발한 성격의 품종이다.
※ 성격에 따른 소형견 품종 구분

| 구분 | 내용 |
|------|------|
| 스포츠독 | 보더콜리, 미니어처 슈나우져, 웰시 코기, 셰틀랜드 쉽독, 브리타니 스패니얼 등 |
| 활발한 성격 | 말티즈, 푸들, 요크셔 테리어, 치와와, 에어데일 테리어, 보스턴 테리어, 미니어처 닥스훈트 등 |
| 조용한 성격 | 시츄, 비숑 프리제, 퍼그, 캐벌리어 킹 찰스 스패니얼 등 |

**3**　①

그레이 하운드, 휘핏, 이탈리안 그레이하운드 등은 경주견에 해당한다.

**4**　②

푸들은 장난을 즐기고 활동량이 많으며, 물에 빠진 오리 등을 건져내는 조렵견이었다. 특히 관심 받는 것을 좋아하여 혼자 둘 경우 짖는다.

**5**　③

신생아 시기에는 스스로 배변하지 못하므로 어미견이 약 3주간 핥으며 배변을 유도하고 닦아낸다.

**6**　②

학습의 단계는 새로운 행동을 얻는 '습득' → 새로운 행동이 숙달되는 '유창' → 습득한 행동을 다양한 환경에서 동일하게 수행하는 '일반화' → 습득한 행동을 기억하고 저장하는 '유지' 순으로 이루어진다.

**7**　③

유형성숙은 진화생물학 용어로는 neoteny(니아터니)로 불리는데, 이는 동물이 성체가 되어도 유체의 많은 부분을 유지하고 생식기만 성숙하여 번식하는 현상을 의미한다.

**8**　②

포메라니안(pomeranian)은 모량이 아주 풍성하며 스피츠 계열로 직모인 이중모를 가지고 있어 타 장모종과 달리 털이 몸에 붙지 않으며 붕 떠서 솜뭉치와 같은 외모가 특징이다.

**9**　②

반려견의 청각은 장거리 의사소통에 있어 효과적이다.

**10**　①

요크셔테리어(yorkshire terrier)는 영국에서 태어나 잉글랜드 북쪽의 요크셔 지방에서 쥐를 잡기 위해 만들어진 견종이지만 본래 목적인 쥐를 잡는 것 보다는 반려견으로 더 많은 인기를 얻었다. 자기보다 큰 동물과 사람에게도 겁 없이 마구 짖어대며 다소 신경질적인 모습도 보이지만 가족들과 잘 어울리며 아이들과도 잘 노는 것이 특징이다.

## 11 ③

비숑 프리제(bichon frise)는 하얗고 곱슬곱슬한 털로 온몸을 뒤덮고 있으며, 프랑스와 벨기에서 반려견으로 각광받기도 하였다. 이러한 비숑 프리제의 경우 털 관리를 잘해주기 위해서 손질을 자주 해줘야 하고 고난도의 미용 기술을 요구하므로 미용 가격도 상당히 고가에 해당하는 견종이다.

## 12 ③

반려견의 꼬리 표현이 반드시 우호적이라고 할 수 없다. 행복함뿐만 아니라 경계, 호기심, 복종, 공포 및 불안감을 꼬리를 높게 쳐들거나 다시 사이에 감추는 등의 꼬리 표현으로 나타낸다.

## 13 ①

킁킁거리며 바닥이나 문을 긁는 행동은 분리불안 및 대소변을 의미한다.

## 14 ③

개의 스트레스 주요 증상은 다음과 같다.
• 밥을 잘 먹지 않는다.
• 귀가 뒤로 젖혀져 있다.
• 갑자기 공격적인 반응을 보인다.
• 졸리지 않은데도 자꾸 하품을 한다.
• 외부 소음에 유난히 크게 반응한다.
• 설사를 하거나 배변 실수가 잦아진다.
• 자신의 꼬리를 잡으려고 빙글빙글 돈다.
• 눈을 제대로 뜨지 않거나 시선을 회피한다.
• 가족을 반기지 않고 모른척하거나 지나친 응석을 부린다.
• 앞발이나 특정 부위를 계속해서 핥는다. 발바닥에서 땀이 난다.

## 15 ③

슈나우저는 이중모지만 털갈이를 거의 하지 않아 털 빠짐이 적은 편이다. 일반적으로 털 빠짐이 많은 견종으로는 사모예드, 포메라니안, 스피츠, 골든 리트리버, 시바견, 피레니즈, 허스키, 말라뮤트, 웰시코기 등이 있다.

## 16 ②

브리타니 스패니얼은 활동량이 많은 수렵견으로, 넓은 부지에서 키우는 것이 좋으며 장시간 산책과 충분한 운동이 필요하다.

## 17 ④

세계애견연맹(FCI)은 344견종을 기능과 활용 목적 등에 따라 1 ~ 10그룹으로 구분하였다. 오스트레일리언 셰퍼드는 1그룹(쉽독 및 스위스 캐틀독을 제외한 캐틀독)에 속한다.

## 18 ②

센트 하운드, 사이트 하운드 그룹에 해당하는 견종은 자신의 주인에게 무조건적인 복종보다는 스스로 독립적 사고로 수렵에 임하는 견종으로 보호자 입장에서는 훈련 및 통제에 있어 어려움이 따른다.

## 19 ③

셔틀랜드 쉽독, 올드 잉글리시 쉽독, 저먼 셰퍼트, 보더 콜리 등은 1그룹에 속한다. 이들은 양 또는 가축 등을 모으는 역할과 동시에 보호도 하는 역할을 하던 견종으로, 지능이 높고 다재다능하며 활동량 또한 많아 좁은 실내 생활을 힘들어한다.

**20** ①

물건을 던지면 개가 쏜살같이 달려가 물어오는 모습을 볼 수 있는데 이는 도망치는 사냥감을 잡던 늑대의 습성으로부터 비롯된 사냥본능이다.

| 02 | 반려동물 관리학 | | | | | | | | |
|---|---|---|---|---|---|---|---|---|---|
| 1 | ③ | 2 | ② | 3 | ③ | 4 | ② | 5 | ④ |
| 6 | ① | 7 | ③ | 8 | ① | 9 | ③ | 10 | ② |
| 11 | ② | 12 | ② | 13 | ① | 14 | ① | 15 | ② |
| 16 | ③ | 17 | ① | 18 | ② | 19 | ③ | 20 | ① |

**1** ③

동물의 신체 구성 단계는 '세포 → 조직 → 기관 → 기관계 → 개체'로 구성된다.

**2** ②

개의 경추는 7개이다.

**3** ③

서골은 두개강을 이루고 있는 뼈에 해당한다.

※ 두개골 구조

| 두개강 | 후두골(뒤통수뼈), 두정골(마루뼈), 전두골(이마뼈), 측두골(관자뼈), 사골(벌집뼈), 서골(보습뼈), 접형골(나비뼈) |
|---|---|
| 안면 | 비골(코뼈), 누골(눈물뼈), 상악골(위턱뼈), 절치골(앞니뼈), 구개골(입천장뼈), 권골(광대뼈), 하악골(아래턱뼈) |

**4** ②

대뇌는 반려견의 기억, 판단 등 고도의 정신활동을 요하는 부분이다. 이는 두정엽, 전두엽, 측두엽, 후두엽, 변연엽 등으로 구분되며, 좌우 반구는 교량에 의해 서로 연결되어 있다.

**5** ④

개의 경우 단맛 및 짠맛을 혀의 앞쪽 2/3 부분에서 느끼며 혀의 뒤쪽 1/3에서 쓴맛을 느낀다.

**6** ①

홍채는 눈의 색을 결정하며, 동공의 크기를 조절해 눈에 들어오는 빛의 양을 조절한다.
② 망막 : 시각 세포가 분포하여 상이 맺히는 부분이다.
③ 각막 : 안구의 대부분을 싸고 있는 흰색 막인 공막의 연속된 앞쪽 부분으로 투명하다.
④ 안방수 : 각막과 홍채 사이, 홍채와 수정체 사이를 채우는 물질로 안압을 유지한다.

**7** ③

치아수는 상아질 내측에 존재하는 치수강에 있는 유연한 조직으로 혈관 및 신경이 분포되어 있기 때문에 치아가 성장하는 데 있어 필요한 부분이다.

**8** ①

결장은 수분과 전해질을 흡수한다. 길이는 대략 $25 \sim 60cm$ 이다.

**9** ③

개는 색상 구분을 도와주는 세포의 수가 적기 때문에 색상을 세밀하게 관찰하면서도 구별할 수 있는 능력이 떨어진다.

**10** ②

개의 발바닥 쿠션은 다른 피부조직에 비해서 재생능력이 뛰어나지 않으므로 작은 상처라도 방치하게 되면 회복이 더디므로 빠른 치료가 필요하다.

**11** ②

암컷의 요도는 수컷에 비해 짧다.

**12** ②

디스템퍼는 급성 전염성 열성 질환으로 전염성이 강하고 폐사율이 높은 전신 감염증으로 주로 눈물이나 침, 콧물을 통해 전파된다.
①③ 분변을 통해 전파된다.
④ 호흡기를 통해 공기 중에 전파된다.

**13** ①

조충증은 개의 항문 주변에 기생하며, 벼룩 등이 매개가 되어 감염되는 질환이다. 이에 대한 증상으로는 식욕부진, 설사 등이 있다.

**14** ①

심근증은 심장 근육이 비대해지거나 탄력이 떨어지고 확장되어 나타나는 질환으로 주로 대형견 및 노령견 등에서 많이 나타난다. 배에 복수가 차거나 사지 부종이 나타나며 부정맥 등으로 돌연사하는 경우도 있다.

**15** ②

반려견의 급성 위염은 잘 낫지 않아 만성화로 발전되는 경우도 있다.

**16** ③

아토피성 피부염은 꽃가루 등의 알레르기를 유발시키는 물질에 의해 과민하게 반응이 발생하는 피부질환이다.
① 개선충증 : 개선충(옴벌레)이 피부에 구멍을 뚫고 기생하면서 발생하는 질병이다.
② 부신피질 기능항진증 : 부신피질에서 분비되는 호르몬이 과다 분비되어 발생하는 질병이다.
④ 지루증 : 호르몬 이상, 영양불균형, 세균 감염 등의 다양한 원인으로 기름진 피부 또는 건조해져 비듬이 생기는 질병이다.

**17** ①

대형견의 정상적인 맥박 수는 60 ~ 90회/분이다.

**18** ②

개의 고혈압 원인으로는 부신피질 기능항진증, 콩팥질환, 심장질환, 당뇨병, 갑상샘 기능항진증 등이 있다.

**19** ③

강아지의 신체충실지수(BCS) 등급은 다음과 같다.
• BCS 1 : 마른 상태
• BCS 2 : 저체중
• BCS 3 : 이상적 체중
• BCS 4 : 과체중
• BCS 5 : 비만

**20** ①

귀의 시작부에서부터 1/2 정도를 클리핑하는 견종은 코커스패니얼이다.

| 03 | | 반려동물 훈련학 | | | | | | | |
|----|----|----|----|----|----|----|----|----|----|
| 1 | ③ | 2 | ④ | 3 | ② | 4 | ① | 5 | ① |
| 6 | ② | 7 | ② | 8 | ③ | 9 | ④ | 10 | ④ |
| 11 | ① | 12 | ④ | 13 | ③ | 14 | ④ | 15 | ③ |
| 16 | ④ | 17 | ① | 18 | ③ | 19 | ① | 20 | ① |

**1** ③

조기 훈련은 반려견의 인간과의 만남, 사물 및 환경 등에 관한 적응을 하는 훈련을 말한다. 사회화 훈련, 배변 훈련, 리더십 훈련, 하우스 훈련 등이 있다.

**2** ④

가장 집중력이 좋을 시간에 관심 및 흥미 등을 갖게 하여, 훈련에 임할 수 있도록 하기 위해 개의 훈련 시간은 10 ~ 15분을 넘겨서는 안 된다.

**3** ②

① 강화의 타이밍 : 빠르고 확실하게 조건 부여를 성립시키기 위해 반응과 동시에 또는 직후에 강화가 이루어져야 한다.
③ 플러스 강화 : 강화 인자 제시에 따라 반응이 일어날 가능성이 증가하는 조건 부여이다.
④ 강화스케줄 : 반응을 가르칠 때 모든 반응에 대해 강화함으로써 빠르게 학습이 성립된다.

**4** ①

반려견의 본능적인 강화체로는 번식, 음식, 위험회피 등이 있다. 장난감은 상황적인 강화체에 속한다.

**5** ①

캡쳐링(capturing)은 개가 능동적으로 자연스럽게 하는 행동을 표시하고 강화하는 과정 즉, 훈련사가 개입하지 않고 관찰하다가 반려견이 잘하는 순간을 포착하여 칭찬하고 강화하는 모든 행동이다.

② 몰딩 : 목표행동을 교육하기 위해 훈련사가 바라는 행동을 유도하며 반려견의 자세를 물리적으로 고정하는 훈련 방법이다.

③ 타게팅 : 특정 지점을 목표로, 그 지점을 코나 발로 터치 또는 시선을 보내게 하여 특정 행동과 연결시키는 훈련 방법이다.

④ 루어링 : 원하는 행동을 학습할 수 있도록 보상(간식)을 사용하는 훈련 방법이다.

**6** ②

유창화 단계는 반려견이 보상을 기대하고 반려견 스스로 행동하는 단계를 말한다.

**7** ②

리드 줄 트레이닝은 사회화 교육 중 하나로, 이동할 때 반려견이 원하는 방향으로 이동하지 않도록 주의해야 한다.

**8** ③

원거리의 대기 훈련 등에 활용하는 리드 줄의 길이는 10m 이다. 참고로 10m는 훈련 경기에서의 대회 규정 줄의 길이다.

**9** ④

반려견의 풍부화도 요소는 감각적 요소, 환경적 요소, 인지적 요소, 사회적 요소, 먹이적 요소이다.

**10** ④

이름 인식 교육을 할 때는, 이름만 부르고 이름 뒤에 '잘했어' 또는 '좋아' 같은 말을 붙이지 않는다. 그 이유는 강아지들이 칭찬의 말 뒤에 간식이 따라 나온다고 인지할 수 있기 때문이다.

**11** ①

반려견이 싫어하는 리더(보호자)의 행동은 다음과 같다.
• 가족 구성원끼리 큰 소리로 싸우거나 말다툼을 하는 행동
• 반려견을 신경 쓰지 않고, 놀아주거나 산책을 시켜주지 않는 행동
• 편하게 잘 자고 있는 반려견을 건드리거나 장난쳐서 깨우는 행동
• 반려견이 잘못하면 소리치거나 체벌을 통해 반려견을 대하는 행동
• 기분 상태에 따라서 반려견을 대하는 태도나 감정이 달라지는 행동
• 생활패턴이 불규칙하고 오랜 시간 반려견을 혼자 두는 일이 잦은 행동

**12** ④

반려견의 문제행동에 해당하는 내용이다.

**13** ③

① 아픔에 의한 공격행동 : 아픔을 느낄 때 보이는 공격행동이다.

② 영역성 공격행동 : 자신의 세력권으로 인식한 장소나 보호해야 할 대상에 접근하는 불특정 개체에 보이는 공격행동이다.

④ 포식성 공격행동 : 주시, 침 흘리기, 몰래 접근하기 등 포식행동에 잇따라 일어나는 공격행동이다.

**14** ④

분리불안은 보호자가 없을 때 보이게 되는 파괴적 행동, 쓸데없이 짖기, 멀리서 짖기, 부적절한 배설과 같은 불안 징후, 설사, 구토, 떨림 등과 같은 생리학적 증상을 의미한다.

**15** ③

홍수법은 반려견이 반응을 일으키기에 충분한 강도의 자극을 반려견으로부터 그 반응이 일어나지 않게 될 때까지 반복하여 주는 행동 교정법을 의미한다. 예를 들어 차에 타게 되면 토하거나 또는 계속적으로 짖는 반려견에 대해 무슨 일이 있어도 마지막에는 어떠한 반응도 보이지 않을 때까지 계속해서 몇 번이고 차에 타게 하는 것이다.

**16** ④

보드(board) 보딩(boarding)은 개를 맡아 먹이주기 및 운동 등의 모든 것을 포함한 관리를 하는 것을 의미한다. 참고로 삐삐소리 등의 음을 내는 장난감의 총칭을 의미하는 것은 '스퀴키(squeaky)'이다.

**17** ①

찰고무공은 공에 줄이 달려 있어서 개가 공을 활용해 더미 놀이를 할 수 있으며 동시에 개가 공을 용이하게 조절할 수 있는 공이다.

**18** ③

일반적으로 개들에게 3단계의 공간적, 거리 영역이 있는데 불안영역(anxiety area), 경계영역(defence area), 안전영역(safety area) 등이 포함된다.

**19** ①

부정 강화는 개에게 특정 강화물을 제거하는 것으로 즉, 원하는 행동을 이끌어 내기 위해 자극을 주어 특정 행동을 할 때 싫어하는 강화물을 제거하는 것을 의미한다. 이렇게 부정적인 강화물을 제거함으로써 행동을 이끌어 낼 수 있다.

**20** ①

자리를 조금씩 이동하면서 강아지 이름을 불렀을 시에 강아지가 잘 따라오는지 확인하고, 잘 따라올 경우에 간식으로 보상한다.

| 04 | 직업윤리 및 법률 | | | | | | | | |
|----|----|----|----|----|----|----|----|----|----|
| 1 | ③ | 2 | ④ | 3 | ② | 4 | ② | 5 | ① |
| 6 | ③ | 7 | ③ | 8 | ① | 9 | ① | 10 | ③ |
| 11 | ① | 12 | ③ | 13 | ④ | 14 | ④ | 15 | ① |
| 16 | ③ | 17 | ③ | 18 | ② | 19 | ④ | 20 | ② |

**1  ③**

"반려동물"이란 반려(伴侶)의 목적으로 기르는 개, 고양이 등 농림축산식품부령으로 정하는 동물을 말한다〈동물보호법 제2조(정의) 제7호〉.

**2  ④**

농림축산식품부 장관은 동물의 적정한 보호·관리를 위하여 5년마다 동물복지종합계획을 수립·시행하여야 한다〈동물보호법 제6조(동물복지 종합계획) 제1항〉.

**3  ②**

소비자 스스로의 권익을 증진하기 위하여 단체를 조직하고 이를 통하여 활동할 수 있는 권리이다〈소비자기본법 제4조(소비자의 기본적 권리) 제7호〉.

**4  ②**

사업자는 물품 등의 하자로 인한 소비자의 불만이나 피해를 해결하거나 보상하여야 하며, 채무불이행 등으로 인한 소비자의 손해를 배상하여야 한다〈소비자기본법 제19조(사업자의 책무) 제5항〉.

**5  ①**

"동물"이란 소, 말, 돼지, 양, 개, 토끼, 고양이, 조류(鳥類), 꿀벌, 수생동물(水生動物), 그 밖에 대통령령으로 정하는 동물을 말한다〈수의사법 제2조(정의) 제2호〉.

**6  ③**

수의사는 제1항에 따라 처방전을 발급할 때에는 수의사 처방 관리시스템을 통하여 처방전을 발급하여야 한다. 다만, 전산장애, 출장 진료 그 밖에 대통령령으로 정하는 부득이한 사유로 수의사 처방 관리시스템을 통하여 처방전을 발급하지 못할 때에는 농림축산식품부령으로 정하는 방법에 따라 처방전을 발급하고 부득이한 사유가 종료된 날부터 3일 이내에 처방전을 수의사 처방 관리시스템에 등록하여야 한다〈수의사법 제12조의2(처방대상 동물용 의약품에 대한 처방전의 발급 등) 제2항〉.

**7  ③**

천직의식은 자신의 일이 자신의 능력과 적성에 꼭 맞는다 여기고 그 일에 열성을 가지고 성실히 임하는 태도를 의미한다.

**8  ①**

영업자 등의 준수사항 … 영업자(법인인 경우에는 그 대표자를 포함한다)와 그 종사자는 다음 각 호의 사항을 준수하여야 한다〈동물보호법 제78조 제1항〉.
1. 동물을 안전하고 위생적으로 사육·관리 또는 보호할 것
2. 동물의 건강과 안전을 위하여 동물병원과의 적절한 연계를 확보할 것
3. 노화나 질병이 있는 동물을 유기하거나 폐기할 목적으로 거래하지 아니할 것
4. 동물의 번식, 반입·반출 등의 기록 및 관리를 하고 이를 보관할 것
5. 동물에 관한 사항을 표시·광고하는 경우 이 법에 따른 영업허가번호 또는 영업등록번호와 거래금액을 함께 표시할 것
6. 동물의 분뇨, 사체 등은 관계 법령에 따라 적정하게 처리할 것
7. 농림축산식품부령으로 정하는 영업장의 시설 및 인력 기준을 준수할 것
8. 제82조 제2항에 따른 정기교육을 이수하고 그 종사자에게 교육을 실시할 것

9. 농림축산식품부령으로 정하는 바에 따라 동물의 취급 등에 관한 영업실적을 보고할 것
10. 등록대상동물의 등록 및 변경신고의무(등록 · 변경신고 방법 및 위반 시 처벌에 관한 사항 등을 포함한다)를 고지할 것
11. 다른 사람의 영업명의를 도용하거나 대여 받지 아니하고, 다른 사람에게 자기의 영업명의 또는 상호를 사용하도록 하지 아니할 것

**9** ①

300만 원 이하의 과태료에 해당한다〈동물보호법 제101조(과태료) 제2항 제6호〉.

**10** ③

소비자교육의 방법 등에 관하여 필요한 사항은 대통령령으로 정한다〈소비자기본법 제14조(소비자의 능력향상) 제5항〉.

**11** ①

위촉위원의 임기는 3년으로 한다〈소비자기본법 제24조(정책위원회의 구성) 제4항〉.

**12** ③

농림축산식품부 장관은 동물의료의 육성 · 발전 등에 관한 종합계획을 5년마다 수립 · 시행하여야 한다〈수의사법 제3조의2(동물의료 육성 · 발전 종합계획의 수립) 제1항〉.

**13** ④

규정한 사항 외에 동물보건사 자격시험의 실시 등에 필요한 사항은 농림축산식품부령으로 정한다〈수의사법 제16조의3(동물보건사의 자격시험) 제4항〉.

**14** ④

직업윤리의 5대 원칙은 객관성의 원칙, 공정경쟁의 원칙, 전문성의 원칙, 고객중심의 원칙, 정직 및 신용의 원칙이다.

**15** ①

사업자는 소비자 단체 및 한국소비자원의 소비자 권익증진과 관련된 업무의 추진에 필요한 자료 및 정보제공 요청에 적극 협력하여야 한다〈소비자기본법 제18조(소비자권익 증진시책에 대한 협력 등) 제2항〉.

**16** ③

수술 등 중대진료에 관한 설명 … 수의사가 제1항에 따라 동물소유자등에게 설명하고 동의를 받아야 할 사항은 다음 각 호와 같다〈수의사법 제13조의2 제2항〉.
1. 동물에게 발생하거나 발생 가능한 증상의 진단명
2. 수술 등 중대진료의 필요성, 방법 및 내용
3. 수술 등 중대진료에 따라 전형적으로 발생이 예상되는 후유증 또는 부작용
4. 수술 등 중대진료 전후에 동물소유자 등이 준수하여야 할 사항

**17** ③

반려동물행동지도사의 업무 … 반려동물행동지도사는 다음 각 호의 업무를 수행한다〈동문보호법 제30조 제1항〉.
1. 반려동물에 대한 행동분석 및 평가
2. 반려동물에 대한 훈련
3. 반려동물 소유자 등에 대한 교육
4. 그 밖에 반려동물행동지도에 필요한 사항으로 농림축산식품부령으로 정하는 업무

## 18 ②

소비자단체의 업무 등 ⋯ 소비자단체는 다음 각 호의 업무를 행한다〈소비자기본법 제28조 제1항〉.

1. 국가 및 지방자치단체의 소비자의 권익과 관련된 시책에 대한 건의
2. 물품 등의 규격·품질·안전성·환경성에 관한 시험·검사 및 가격 등을 포함한 거래조건이나 거래방법에 관한 조사·분석
3. 소비자문제에 관한 조사·연구
4. 소비자의 교육
5. 소비자의 불만 및 피해를 처리하기 위한 상담·정보제공 및 당사자 사이의 합의의 권고

## 19 ④

인증의 유효기간은 인증을 받은 날부터 3년으로 한다〈동물보호법 제59조(동물복지출산 농장의 인증) 제4항〉.

## 20 ②

소비자안전센터의 설치 ⋯ 소비자안전센터의 업무는 다음 각 호와 같다〈소비자기본법 제51조 제3항〉.

1. 제52조의 규정에 따른 위해정보의 수집 및 처리
2. 소비자안전을 확보하기 위한 조사 및 연구
3. 소비자안전과 관련된 교육 및 홍보
4. 위해 물품 등에 대한 시정 건의
5. 소비자안전에 관한 국제협력
6. 그 밖에 소비자안전에 관한 업무

| 05 | 보호자 교육 및 상담 | | | | | | | | |
|---|---|---|---|---|---|---|---|---|---|
| 1 | ③ | 2 | ① | 3 | ② | 4 | ④ | 5 | ③ |
| 6 | ④ | 7 | ④ | 8 | ④ | 9 | ④ | 10 | ④ |
| 11 | ③ | 12 | ① | 13 | ② | 14 | ① | 15 | ④ |
| 16 | ④ | 17 | ① | 18 | ① | 19 | ① | 20 | ④ |

## 1 ③

장모종의 경우 단모종에 비해 털 빠짐이 적은 관계로 관리가 수월한 반면, 털이 서로 엉키는 것을 예방하기 위해 틈틈이 털을 손질해주어야 한다.

## 2 ①

입양 전 강아지가 사용한 물품을 가지고 와서 놀게 해주면 강아지들이 적응하는 데 도움이 된다.

## 3 ②

커뮤니케이션의 특징은 다음과 같다.
• 순기능 및 역기능이 존재
• 수단 및 형식 등은 상당히 유동적
• 커뮤니케이션 하는 서로의 행동에 영향을 미침
• 정보를 교환하며, 의미를 부여
• 오류 및 장애 발생이 가능

## 4 ④

소음(잡음)은 의도된 메시지를 왜곡시키는 요인이다. 전달과 수신 사이에 발생하여 의사소통의 정확도를 감소시킨다. 여기에는 언어가 갖는 어의상의 문제, 메시지 의도적 왜곡 등이 있다. 전달자의 부정확한 사상인식, 부적절한 코드화, 수신자의 부정확하거나 왜곡된 해석 등의 잡음은 어디에서나 발생해서 의사소통을 왜곡시킬 수 있다.

## 5  ③

커뮤니케이션에 대한 송신자의 장애요인에 해당한다.

※ 커뮤니케이션에 대한 수신자의 장애요인

- 선입관 : 수신자가 송신자에 대해서 선입관에 사로잡혀 있을 시에는 상대방의 말을 건성으로 듣고 성급한 판단을 하기 쉽다.
- 선택적 청취 : 수신자는 자기 자신의 욕구를 충족시키거나 또는 자신들의 신념과 일치하는 메시지는 받아들이고 자신에게 위협을 가하거나 또는 기존의 신념 및 갈등 등을 일으키게 되는 메시지는 부정하거나 왜곡하고 이에 대해 귀를 기울이지 않으며 해당 정보를 거부하려는 경향이 있다.
- 신뢰도의 결핍 : 만약의 경우에 송신자가 "양치기 소년"의 동화에서 나오는 양치기 소년처럼 평소에 신뢰도가 부족한 사람의 경우가 이에 해당된다. 송신자의 의사전달은 수신자가 전적으로 신뢰하지 않는다. 그러므로 수신자는 상대방을 불신하거나 선입관에 의해서 상대방의 내용을 신뢰하지 않으므로 커뮤니케이션의 어려움을 가져오게 된다.
- 반응적 피드백의 부족 : 수신자는 송신자의 메시지에 대한 무반응이나 또는 부적절한 반응을 나타냄으로써 송신자를 실망시키게 한다. 이처럼 수신자의 무반응은 송신자의 메시지에 관심이 없다든지 그러한 사람과 말하기 싫다거나 또는 어렵다는 것을 암시함으로써 적절한 커뮤니케이션의 기회를 줄이게 된다.
- 평가적 경향 : 수신자는 송신자로부터 메시지를 전부 다 전달 받기 이전에 메시지의 전반적인 가치를 평가해 버리는 경향으로써 이는 메시지가 지니는 실제 의미를 왜곡시켜버린다.

## 6  ④

대인 커뮤니케이션의 메시지의 흐름은 대체로 쌍방향이다. 반대로 매스 커뮤니케이션의 메시지의 흐름은 일방적이다.

## 7  ④

애매모호한 메시지를 전달할 경우에는 상대를 설득하기 보다는 반대로 신뢰를 잃을 수 있다.

※ 설득의 기본원칙

- 경청하기
- 명확한 메시지를 전달하기
- 칭찬 및 감사의 말 표현하기
- 동기 유발하기
- 고객이 좋아하는 것을 파악해내기

## 8  ④

대화에서 A변호사는 I-Message의 대화스킬을 활용하고 있으나 ④는 I-Message가 아닌 You-Message에 대한 설명이다. 상대에게 일방적으로 강요, 공격, 비난하는 느낌을 전달하게 되면 상대는 변명하려 하거나 또는 반감, 저항, 공격성 등을 보이게 된다.

## 9  ④

고객의 내적요인으로는 관여도, 개인적 욕구, 과거 서비스 경험 등이 있다.

※ 고객 기대에 관한 영향 요인

| 고객의 내적 요인 | 고객의 외적 요인 | 고객의 상황적 요인 |
|---|---|---|
| • 개인적인 욕구<br>• 관여도<br>• 과거 서비스 경험 | • 구전에 의한 커뮤니케이션<br>• 상대와의 상호관계로 인한 사회적인 상황<br>• 고객이 이용 가능한 경쟁적인 대안 | • 환경적인 조건<br>• 시간적인 제약<br>• 고객들의 정서적인 상태 |

**10 ④**

박스 안 사례는 개방형 질문(Open-Ended Questions)에 대한 내용이다. 개방형 질문은 응답자가 자유로이 제시된 대안에서 답을 찾는 것이 아닌 응답자 스스로의 생각을 솔직하게 표현해 내는 질문방식을 의미한다. ④의 이분형 및 선다형은 폐쇄형 질문(객관식 질문) 형태에 관한 내용이다.

**11 ③**

폐쇄형 질문은 고정형 질문이라고도 하며, 응답의 대안을 제시하고 그중 하나를 선택하게끔 하는 질문방식이다. 다시 말해 객관식 형태의 질문이라고 할 수 있다. 이러한 경우에는 사전에 보기를 주고 그중에서만 선택할 수 있게 하므로 응답자에게 충분한 자기표현의 기회를 제공해 주기 어렵다.

**12 ①**

고객들이 기업 조직에 대해 불평불만을 표출하는 것이므로 자사에서는 이에 대한 선입견을 모두 버리고 고객들의 입장에서 생각하고 문제를 파악해야 한다.

**13 ②**

컴플레인 처리 시 품위를 지키며, 고객이 이해할 수 있는 평이한 언어를 사용한다.

※ 컴플레인 처리 시의 주의사항
- 신속하게 처리한다.
- 논쟁 또는 변명은 피한다.
- 잘못된 점은 솔직하게 사과한다.
- 고객의 잘못을 책망하지 않는다.
- 내부사정을 이유로 말하지 않는다.
- 고객에 대한 선입관을 갖지 않는다.
- 친절하고 상냥하게 침착하게 응한다.
- 설명은 사실을 바탕으로 명확하게 한다.
- 품위를 지키며, 평이한 언어를 사용한다.
- 고객의 입장에서 성의 있는 자세로 임한다.

- 상대방에게 동조해 가면서 긍정적으로 듣는다.
- 감정적 표현, 노출을 피하고 냉정하게 검토한다.
- 고객은 근본적으로 선의를 가지고 있다고 믿는다.
- 고객은 독특성을 지닌 인간으로서, 존중하는 태도를 갖는다.

**14 ①**

말에 의한 의사소통은 개인적인 상호작용이 가능하다.

**15 ④**

의사소통은 타인이 내가 바라는 방식을 행동하도록 유도하기 위한 일종의 현실적 욕구이다.

**16 ④**

서비스 품질 모형(SERVQUAL)의 5가지 품질 차원은 다음과 같다.
- 신뢰성(Reliability) : 약속한 서비스를 어김없이 정확하게 수행할 수 있는 능력 예 우편물의 배달
- 대응성(Responsiveness) : 고객을 돕고 신속한 서비스를 제공하겠다는 의지 예 고객대기의 최소화
- 확신성(Assurance) : 확신을 주는 직원의 능력 및 예의 바른 근무 자세 예 고객에 대한 정중함
- 공감성(Empathy) : 고객에 대한 배려와 개별적인 관심을 보일 능력과 준비 자세 예 고객 불평 경청
- 유형성(Tanbibles) : 물적 시설, 장비, 인력, 통신의 확보 등 물리적 환경 예 청결도

**17 ①**

공감과 사회적 기술은 사회적 역량에 해당하며, 자기 인식, 자기 규제, 동기부여는 개인 능력에 각각 해당한다.

**18** ①

반려동물 문제행동의 발생요인 중 1차 요인에 속하는 것으로는 신체적 특성, 유전적 기질 등이 있으며 2차 요인에 속하는 것으로는 부적절한 경험, 학습기회의 부족 등이 있으며, 3차 요인으로는 생활환경 보호자 등이 있다.

**19** ①

촉진적 경청은 가장 높은 수준의 경청 방법에 해당하는 것으로 실제로는 바라고 있지만 어렵거나 남에게 숨기고 싶은 부분, 또는 스스로 해결방안을 찾을 수 있게 도와주는 경청 방법이다.

**20** ④

감성지능(Emotional Intelligence)은 감성지능은 사람의 감성을 다스릴 줄 아는 통제력을 의미하므로 이에 해당하는 인내심, 지구력, 충동 억제력, 만족지연 능력, 용기, 절제 등을 포함한다.

## 제2회 정답 및 해설

| 01 | 반려동물 행동학 | | | | | | | | |
|---|---|---|---|---|---|---|---|---|---|
| 1 | ② | 2 | ② | 3 | ③ | 4 | ③ | 5 | ① |
| 6 | ① | 7 | ① | 8 | ② | 9 | ④ | 10 | ③ |
| 11 | ② | 12 | ② | 13 | ② | 14 | ④ | 15 | ① |
| 16 | ③ | 17 | ③ | 18 | ③ | 19 | ④ | 20 | ① |

**1** ②

궁극요인은 동물행동의 생물학적 의미를 연구하는 것이다.

**2** ②

저먼 셰퍼드는 경비견에 해당한다.

**3** ③

① 마약견 : 마약 냄새를 맡으며 마약을 탐지하는 역할을 한다.
② 보청견 : 사람의 귀 역할을 하며 테리어 견종이 적합하다.
④ 동물매개치료견 : 개를 매개로 취약계층 또는 심리적 안정이 필요한 사람들과 소통하며 감정교류 역할을 한다.

**4** ③

반려견의 경우 사람에 비해 위의 용적량이 크기 때문에 한 번에 많은 양의 먹이 섭취가 가능하다.

**5** ①

이행기에는 반려견이 후각적으로 많은 호기심을 나타내고 주변의 환경(사람, 동물 등)을 인지하기 시작한다.

**6** ①

통상적으로 개의 나이가 생후 1년일 때 인간의 나이는 청소년기(중·고등학생)이다.

② 통상적으로 개의 나이가 5년이면 인간의 나이는 약 40대 시작이다.

③ 통상적으로 개의 나이가 7년이면 인간의 나이는 약 50대 시작이다.

④ 통상적으로 개의 나이가 10년이면 인간의 나이는 약 60대이다.

**7** ①

말티즈(maltese)는 3,000 ~ 3,500년경 전부터 지중해의 몰타 섬에서 살았다. 몰타 섬 주변의 카르타고, 로마, 그리스 같은 고대 도시 국가의 상류층에서도 큰 인기를 얻은 품종으로 사람이 인위적으로 만들지 않은 자연 품종 중에서 가장 예쁘고 충성심도 강해서 그리스인들의 경우에는 말티즈가 죽으면 주인 무덤 옆에 묻어 주거나 개를 위한 사원을 만들어 주었다.

**8** ②

반려견 꼬리의 경우 그 위치는 공격적일 시에는 높이 올라가는 형태를 띠며, 상대에 대해 복종할 시에는 낮게 내리거나 또는 배의 아래로 말리는 형태를 띤다.

**9** ④

낮고 굵은 음의 으르렁거림은 공격적 자세를 수반하며, 용기가 없는 개가 일종의 강한 모습을 보이는 척할 때는 으르렁거리는 음이 높아졌다 낮아졌다 하는 형태로 나타난다.

**10** ③

시츄(shih tzu)는 티벳에서 유래하여 중국의 경우 사자가 악귀를 쫓아내고 재물을 지켜준다고 해서 굉장히 신성시됐는데, 사자 대신 사자와 닮은 시츄를 신성시하였다. 이러한 시츄는 중국 고위 관료나 왕족만 키울 수 있을 정도로 귀하게 여겨졌다. 1980년대 우리나라에도 들어와 키우기 시작하였으며 10마리 중 9마리는 성격이 상당히 느긋하고 낙천적이지만 덩치에 맞지 않게 식탐이 많다.

**11** ②

웰시코기(welsh corgi)는 영국 웨일즈 지방의 빈민들이 목축을 위해 기르던 품종으로 12세기경 영국 왕 리처드 1세가 데려가 키우면서 영국 왕실의 개가 되었다. 대중들에게도 왕실의 개로 소개되면서 많은 인기를 얻기 시작하였다. 소몰이 개 웰시코기는 가축들 다리 사이로 뛰어다니기 알맞도록 짧은 다리를 가지고 있는데 다리에 비해 몸집이 크고 둥글며, 더불어 허리가 길다는 특징을 지닌다.

**12** ②

분쟁회피 기능은 반려견이 위협이나 침략의 의사가 없음을 알리는 것을 말한다. 반려견이 적의가 없음을 알리고 상대를 진정시키는 기능은 진정신호 기능이다.

**13** ②

온몸이 흔들릴 정도로 꼬리를 흔든다. – 아주 즐거움

**14** ④

보호자와 반려견은 서로 간 쌍방향적이며, 연속적인 관계가 유지되어야 한다.

## 15 ①

동물실험의 3R 원칙은 다음과 같다.
- 감소(reduction) : 가능한 한 실험에 사용되는 동물의 수를 감소시키는 것으로, 보다 적은 수의 동물을 사용해 필적할 만한 정보를 얻거나, 또는 동일한 동물 수로부터 더 많은 정보를 얻기 위한 방법을 찾는 것을 의미한다.
- 대체(replacement) : 동물에 대한 실험을 수행하지 않고도 연구의 목적을 달성할 수 있는 방법이 있다면 이것으로 동물실험을 대신하는 것을 의미한다.
- 개선(refinement) : 동물에 대한 실험을 대체할 수 없어서 최소한으로 동물을 활용할 경우 동물에게 가해지는 비인도적 처치(inhumane procedures)의 발생을 감소시켜 주는 것 즉, 실험으로 인해 가해지는 통증 및 스트레스를 줄이고 동물의 행복을 향상시켜 주는 것을 의미한다.

## 16 ③

통상적으로 개의 발정기는 1년에 2회 정도이다.

## 17 ③

조렵견은 사냥할 때 옆에서 도와주는 견종으로 그레이하운드, 아이리시 울프 하운드, 골든 리트리버, 래브라도 리트리버, 잉글리시 코커 스패니얼 등이 있다. 진돗개(코리아 진도견)는 경비견에 해당한다.

## 18 ③

테리어는 주로 땅 속에 사는 작은 동물을 잡는 호전적인 개로 농장에서 들쥐나 여우 등을 잡도록 길러진 견종이다. 이들 견종은 잘 짖으며, 땅을 파헤치는 것을 좋아하고, 끈질기며 투쟁심이 강하다.

## 19 ④

브러쉬는 반려견의 털에 있는 이물질 및 엉킨 털들을 풀어 줄 때 활용한다.

## 20 ①

자신을 실제보다 크고 대단한 것처럼 하여 상대에게 위협적인 모습을 보이기 위함이다. 이는 본능을 기반으로 한 행동이다.
② 반사 : 특정 사건이나 행동에 대한 즉각적인 단순 반응이다.
③ 학습 : 새로운 행동을 익히는 과정이다.
④ 유전적행동 : 본능보다 비특정적인 행동으로, 유전에 의해 이루어진다.

| 02 | 반려동물 관리학 | | | | | | | | |
|----|----|----|----|----|----|----|----|----|----|
| 1 | ① | 2 | ① | 3 | ② | 4 | ③ | 5 | ④ |
| 6 | ③ | 7 | ④ | 8 | ① | 9 | ③ | 10 | ④ |
| 11 | ① | 12 | ④ | 13 | ② | 14 | ② | 15 | ① |
| 16 | ③ | 17 | ④ | 18 | ③ | 19 | ③ | 20 | ③ |

## 1 ①

동물 신체 구성에 있어 몸체를 구성하고 있는 기본 단위는 세포이다.

## 2 ①

척추는 개의 몸통 골격에서 머리와 몸통하며 무게를 지탱해주고, 움직일 수 있도록 척수신경의 배출구로서의 역할을 수행한다.

## 3 ②

고관절(엉덩이 관절)은 뒷다리의 관절에 해당한다.

## 4 ③

간뇌는 시상 및 시상하부로 구성되며, 이러한 시상의 경우 후각을 제외하고 신체 모든 감각 정보들이 대뇌피질로 전도되는 것에 관여한다. 시상하부의 경우에는 주로 항상성 유지 및 호르몬의 분비 조절 등에 관련한 부분을 수행한다.

## 5 ④

앞발가락은 5개이며 엄지 부분은 위쪽으로 올라가서 지면에 닿지 않는다. 뒷발가락은 엄지에 해당하는 부분이 퇴화하여 4개이다.

## 6 ③

개의 청각전달경로는 '소리 → 귓바퀴 → 고막 → 귓속뼈 → 달팽이관 → 청각신경 → 대뇌' 순이다.

## 7 ④

통상적으로 개의 위는 소화기 전체 용적의 60%를 차지한다.

## 8 ①

개의 간 중량은 0.4 ~ 0.6kg의 정도로서 내부 장기 중에서 가장 크다.

## 9 ③

반려견 신체충실지수(BCS)에 따라 영양학적 상태를 구분하는데, BCS 5등급 평가는 다음과 같다.

| 단계 | 비만 정도 | 기준 |
|------|-----------|------|
| BCS 1 | 야윔 | 갈비뼈와 뼈의 융기부를 쉽게 관찰할 수 있고 피하지방이 없는 상태 |
| BCS 2 | 저체중 | 약간의 지방이 갈비뼈를 덮고 있으며 골격이 드러나는 상태 |
| BCS 3 | 정상 체중 | 뼈 융기부에 약간의 지방층이 덮고 있으며 갈비뼈를 보고 쉽게 만질 수 있는 상태 |
| BCS 4 | 과체중 | 지방층으로 인해 갈비뼈를 보기 어렵고 쉽게 촉진하기 어려운 상태 |
| BCS 5 | 비만 | 지방이 두껍게 덮여 있어서 갈비뼈를 보거나 촉진할 수 없는 상태 |

## 10 ④

반려견의 나이와 치아 발육 상태는 다음과 같이 파악할 수 있다.

| 구분 | 내용 |
|---|---|
| 2개월령 | 유치가 전부 돌출된다. |
| 4개월령 | 위턱과 아래턱 앞니 2개가 영구치로 교체된다. |
| 7개월령 | 모든 유치가 영구치로 교체된다. |
| 1 ~ 2년령 | 아래턱 앞니 2개가 마모된다. |
| 2 ~ 3년령 | 아래턱 앞니 4개가 마모된다. |
| 3 ~ 4년령 | 아래턱 앞니 4개, 위턱 앞니 2개가 마모되며 약간의 치석이 생긴다. |
| 4 ~ 5년령 | 아래턱 앞니 4개, 위턱 앞니4개가 마모되며 치석이 증가한다. |
| 5년령 이상 | 아래턱 앞니 6개가 마모되고 위턱 앞니 6개가 마모되고 많은 양의 치석이 생긴다. |

## 11 ①

정관은 부고환에서 이어지는 것으로 부고환관의 연속관이다.

## 12 ④

반려견의 소변이 맑고 연한 노란색을 띠면 정상 상태임을 알 수 있다. 다음, 다뇨, 소변감소증, 혈뇨, 배뇨곤란은 비정상 상태의 특징이다.

## 13 ②

반려견에게 열이 있는지 확인하는 방법은 다음과 같다.
• 코가 마르고 윤기가 있는지 확인한다.
• 항문에 체온계를 밀어 넣어 체크하며, 항문에 통증이 있는 경우 귀에 고막 체온계를 넣어 측정한다.
• 귀를 만졌을 때 따뜻하면 열이 있는 상태다.
• 표피층이 얇은 다리 사이를 만져봤을 때 뜨거우면 열이 있는 상태다.
• 입이나 코의 호흡이 평소보다 뜨거우면 열이 있는 상태다.

## 14 ②

하임리히법은 눈으로 보았을 때 이물질 등이 발견되지 않으면 실행한다.

## 15 ①

모낭충증은 기생충에 의한 피부질환으로, 모낭중에 감염되어 생긴다. 털이 짧은 견종과 한참 성장하는 강아지에게 호발하며 모낭을 파괴하고 이차 감염을 일으킨다.

## 16 ③

주로 요도가 긴 수컷에서 많이 나타나는 질병이다.

## 17 ④

중형견의 정상적인 맥박 수의 범위는 70 ~ 110회/분이다.

## 18 ③

개의 저혈압 원인으로는 말초혈관의 확장, 저혈량, 심박출량의 감소 등이 있다.

## 19 ③

① 시닝 가위에 대한 설명으로, 시닝 가위는 털을 자연스럽게 연결하고 얼굴 라인을 커트할 때 사용한다.
② 보브 가위에 대한 설명으로 눈앞의 털이나 풋 라인, 귀끝 털을 자를 때 많이 사용한다.
④ 블런트 가위에 대한 설명으로, 털 길이를 자르고 다듬는 데 사용한다.

## 20 ③

① 글리터젤 : 장식용 반짝이로 가루 날림이 적고 접착력이 우수하다.
② 페인트 펜 : 일회성 염색제로 발림성과 발색력이 좋고 원하는 부위에 정교한 작업이 가능하다.
④ 초크 : 겔 타입과 펜 타입 염색제와 함께 사용하며 지속성 염색제를 쓰기 전 초벌용으로 사용한다.

# 반려동물행동지도사 2급 정답 및 해설

| 03 | 반려동물 훈련학 | | | | | | | | |
|----|----|----|----|----|----|----|----|----|----|
| 1 | ④ | 2 | ③ | 3 | ② | 4 | ② | 5 | ① |
| 6 | ③ | 7 | ① | 8 | ① | 9 | ③ | 10 | ① |
| 11 | ② | 12 | ④ | 13 | ② | 14 | ② | 15 | ② |
| 16 | ④ | 17 | ④ | 18 | ③ | 19 | ③ | 20 | ③ |

## 1  ④

① 하네스 : 후각 훈련 도는 무는 훈련을 할 때 많이 쓰이며, 산책용으로도 쓰이나 예절 교육이 되어 있지 않으면 사용하지 않는 것이 좋다.
② 아티클 : 범인이 도주하고 지나간 자리에 남는 추적 유류품이다.
③ 블라인드 : 삼각형의 천막 지형, 지물 수색 용품이다.

## 2  ③

개에게 훈련의 시간이 중요한 것이 아닌 훈련의 목적을 이해시키는 것이 중요하다.

※ 훈련의 기초 자세
- 훈련에 들어가기 전 개의 컨디션 상태를 체크한다.
- 훈련 및 놀이의 개념을 구분한다.
- 훈련에 들어가기 전 훈련의 과정을 이해한다.
- 훈련의 마무리는 좋아하는 놀이 또는 보상으로 좋은 기억을 남겨준다.
- 훈련에 있어 칭찬 및 통제의 중요성을 이해한다.
- 보상 및 관심이 올바른 행동으로 만드는 데 최고의 칭찬이다.
- 훈련의 시간이 중요한 것이 아닌 훈련의 목적을 이해시키는 것이 중요하다.
- 야단은 개들에게 정확하게 잘못된 행동이라는 것을 인식시켜주는 과정으로 확실한 언어로 전달한다.
- 실생활에서 활용될 수 있는 교육을 우선으로 하며 개의 본능을 이끌어 내는 것이 필요하다.

## 3  ②

강화의 원칙은 다음과 같다.
- 강화물 전달의 적절한 타이밍은 필수적인 요소이다.
- 강화의 다양성은 학습 과정의 교육 효과를 향상시킨다.
- 강화물이 미끼 또는 뇌물이 아니라는 것을 구분시켜 줘야 한다.
- 과제가 어려울수록 강화물의 가치는 그만큼 높아져야 한다.
- 강화하기 전에 강화물은 개들에게 가치가 있는 것으로 선택해야 한다.
- 강화물을 이용한 교육이 80% 이상 성과가 있다면 불규칙하게 주어야 한다.

## 4  ②

반려견의 상황적인 강화체로는 눈 맞춤, 스킨십, 장난감 등이 있으며, 음식은 본능적인 강화체에 속한다.

## 5  ①

행동 풍부화 요소에는 환경적인 요소, 감각적인 요소, 사회적인 요소, 인지적인 요소, 먹이 요소 등이 있는데 터치, 신기한 놀이나 물건, 다양한 질감의 장난감, 다양한 냄새, 다양한 맛, 다양한 소리, 시각적 관점 등은 감각적인 요소에 해당한다.

## 6  ③

가급적 저녁 식사 이전에 교육해야 한다. 저녁 식사 이후에는 배가 부른 상태이기 때문에 반려견이 제대로 훈련에 따르지 않을 수 있기 때문이다.

## 7  ①

강화 또는 체벌은 반려견의 행동이 일어나고 있는 동안에 반드시 실행되어야 한다. 또한 클리커 훈련 시 반려견이 원하는 행동을 수행할 때 클릭하며 클릭 후 행동을 멈췄을 때 보상해야 한다.

**8** ①

반려견이 약속된 행동을 따르도록 예절교육을 시행하는 것은 과잉행동 교정에 해당된다.

**9** ③

조형의 법칙(law of shaping)은 다음과 같다.
- 시작 전에 준비하라
- 각 단계를 반드시 성공하도록 하라
- 한 번에 하나의 기준을 교육시켜라
- 무언가가 바뀌면 그 기준을 편안하게 느끼도록 하라
- 만약 하나의 가능성이 닫힌다면 다른 가능성을 찾아라
- 교육이 지속되게 하라
- 필요하다면 돌아가라
- 학습자인 개들에게 계속 집중하라
- 학습자인 개보다 앞서 나가라
- 훈련사가 앞서 있는 동안 멈추어라

**10** ①

교육용 간식은 쉽고 빠르게 삼킬 수 있는 간식이어야 한다. 그렇지 않으면 다음 명령어를 전달할 때 딜레이가 발생한다. 다음 훈련을 위해 빠르게 먹을 수 있는 간식이 좋다.

**11** ②

반려견들의 알파 증후군을 유발하는 보호자들의 잘못된 행동은 다음과 같다.
- 기본예절이나 기본 복종 훈련을 알려주지 않는다.
- 일관성이 없는 태도와 신뢰받지 못할 행동을 한다.
- 불필요한 강아지의 응석이나 잘못된 요구를 받아준다.
- 과도한 애정 표현과 강아지의 행동에 예민하게 반응한다.
- 사회성이 부족한 강아지에게 목줄 대신 하네스를 사용한다.
- 서열이 확립되지 않은 상태에서 침대나 소파에서 같이 자고 논다.
- 보호자가 외출할 때 반려견에게 말을 걸거나 먹이를 던져주고 돌아올 때 과도하게 인사한다.

**12** ④

기본예절 훈련에는 이름에 반응하기, 앉아, 엎드려, 기다려, 와, 따라 걷기 등이 있다.

**13** ②

① 반려견이 보호자 옆에 있을 때 의미다.
③④ 반려견이 보호자보다 앞으로 나가있을 때 의미다.

**14** ②

① 상동장애 : 실제로 존재하지 않는 벌레 쫓기, 그림자 쫓기, 꼬리 물기 등 이상 빈도나 지속적으로 반복하여 일어나는 환각적 행동이다.
③ 분리불안 : 주인의 부재 시 짖기, 파괴적 활동, 부적절한 배설과 같은 불안징후 등이다.
④ 특발성 공격행동 : 예측불능으로 원인을 알 수 없는 공격행동이다.

**15** ②

헛짖음은 반려견이 흥분도가 높아졌을 때 내뱉는 감탄사처럼 아무 이유 없이 짖는 것을 의미한다.
예 놀이 중에 혼자 신나서 짖으며 뛰어다니거나 돌아다니는 것

## 16 ④

세계 3개 도그쇼는 다음과 같다.

| 구분 | 내용 |
|---|---|
| FCI 월드 도그쇼 | 1956년 독일에서 그 첫 번째 쇼가 개최되었으며, 이후 전 세계를 돌며 평균 50여 개국에서 온 1만여 마리의 세계적 명견들을 한자리에 불러 모으고 있다. |
| 크러프츠 도그쇼 | 전견종이 출진한 최초의 도그쇼였으며, 100주년을 기념하는 1991년의 크러프츠 도그쇼는 기네스북으로부터 세계에서 가장 큰 규모의 도그쇼로 인증 받았다. |
| 웨스트민스터 도그쇼 | 미국 켄넬 클럽(AKC)이 형성되기 이전에 만들어졌다. 첫 도그쇼에 무려 1,200두 이상의 견이 출진하여 3일에서 하루가 더 연장되기도 하였다. 오늘날에는 출진 자격 및 출진 두수에 제한이 있으며 매년 2월에 이틀간 개최된다. |

## 17 ④

선제 공격형 개(offensive dog)의 특징은 다음과 같다.
• 털이 곤두 서 있다.
• 코에 주름이 생긴다.
• 꼬리는 단단하게 서 있다.
• 입 꼬리가 전방으로 움직인다.
• 몸의 자세와 귀가 전방을 향해 있다.
• 발을 펴고 높이 서서 몸을 크게 보이려 한다.

## 18 ③

산만한 개의 경우 주변 환경의 모든 것에 관심이 많고 그 관심이 오래가지 않으며, 금방 다른 것에 관심과 호기심을 보이게 되는데 이때에는 훈련시간을 길게 하는 것보다 개가 가장 좋아하는 먹이 또는 물건 등을 가지고 5분 이내의 단시간에 끝내도록 하고, 훈련을 자주시키는 것이 좋다.

## 19 ③

견종과 크기에 관계없이 모든 개가 참여할 수 있으나 참가 가능한 최소 월령은 15개월이다.

## 20 ③

① 약화 : 반려견의 문제행동을 감소 또는 소멸시키는 과정이다.
② 노출 : 특정 문제 자극에 대해 초기 단계에서 높은 상태로 노출시켜 문제 자극에 반응하지 않도록 하는 방법이다.
④ 역조건화 : 특정한 자극에 이상 반응 하는 반려견에게 그 자극을 우호적으로 수용할 수 있도록 하는 과정이다.

| 04 | 직업윤리 및 법률 | | | | | | | | |
|---|---|---|---|---|---|---|---|---|---|
| 1 | ② | 2 | ② | 3 | ③ | 4 | ④ | 5 | ② |
| 6 | ④ | 7 | ① | 8 | ④ | 9 | ① | 10 | ④ |
| 11 | ② | 12 | ② | 13 | ① | 14 | ③ | 15 | ② |
| 16 | ③ | 17 | ③ | 18 | ① | 19 | ② | 20 | ② |

**1 ②**

소유자 등은 동물을 관리하거나 다른 장소로 옮긴 경우에는 그 동물이 새로운 환경에 적응하는 데에 필요한 조치를 하도록 노력하여야 한다〈동물보호법 제9조(적정한 사육·관리) 제3항〉.

**2 ②**

반려동물행동지도사 자격시험의 시험과목, 시험방법, 합격기준 및 자격증 발급 등에 관한 사항은 대통령령으로 정한다〈동물보호법 제31조(반려동물 행동지도사 자격시험) 제6항〉.

**3 ③**

소비자중심경영인증의 유효기간은 그 인증을 받은 날부터 3년으로 한다〈소비자기본법 제20조의2(소비자중심경영의 인증) 제4항〉.

**4 ④**

"소비자"는 사업자가 제공하는 물품 또는 용역을 소비생활을 위하여 사용하는 자 또는 생산활동을 위하여 사용하는 자로서 대통령령이 정하는 자를 말한다〈소비자기본법 제2조(정의) 제1호〉.

**5 ②**

의사는 농림축산식품부령으로 정하는 바에 따라 최초로 면허를 받은 후부터 3년마다 그 실태와 취업상황 등을 대한수의사회에 신고하여야 한다〈수의사법 제14조(신고)〉.

**6 ④**

동물병원 개설자가 동물진료업을 휴업하거나 폐업한 경우에는 지체 없이 관할 시장·군수에게 신고하여야 한다. 다만, 30일 이내의 휴업인 경우에는 그러하지 아니하다〈수의사법 제18조(휴업·폐업의 신고)〉.

**7 ①**

특수 직무 상황에서는 개인적 덕목 차원의 일반적인 상식 및 기준으로는 규제할 수 없는 경우가 많다.

**8 ④**

높은 급여, 일자리 안전성 등의 물질적인 보상은 외재적 가치에 해당하며 개인이 부여하는 중요성이 내재적 가치에 해당한다.

**9 ①**

위해의 방지 … 국가는 사업자가 소비자에게 제공하는 물품 등으로 인한 소비자의 생명·신체 또는 재산에 대한 위해를 방지하기 위하여 다음 각 호의 사항에 관하여 사업자가 지켜야 할 기준을 정하여야 한다〈소비자기본법 제8조 제1항〉.
1. 물품 등의 성분·함량·구조 등 안전에 관한 중요한 사항
2. 물품 등을 사용할 때의 지시사항이나 경고 등 표시할 내용과 방법
3. 그 밖에 위해방지를 위하여 필요하다고 인정되는 사항

**10** ④

업무 ··· 한국소비자원의 업무는 다음 각 호와 같다〈소비자기본법 제35조 제1항〉.

1. 소비자의 권익과 관련된 제도와 정책의 연구 및 건의
2. 소비자의 권익증진을 위하여 필요한 경우 물품 등의 규격 · 품질 · 안전성 · 환경성에 관한 시험 · 검사 및 가격 등을 포함한 거래조건이나 거래방법에 대한 조사 · 분석
3. 소비자의 권익증진 · 안전 및 소비생활의 향상을 위한 정보의 수집 · 제공 및 국제협력
4. 소비자의 권익증진 · 안전 및 능력개발과 관련된 교육 · 홍보 및 방송사업
5. 소비자의 불만처리 및 피해구제
6. 소비자의 권익증진 및 소비생활의 합리화를 위한 종합적인 조사 · 연구
7. 국가 또는 지방자치단체가 소비자의 권익증진과 관련하여 의뢰한 조사 등의 업무
8. 「독점규제 및 공정거래에 관한 법률」 제90조 제7항에 따라 공정거래위원회로부터 위탁받은 동의의결의 이행 관리
9. 그 밖에 소비자의 권익증진 및 안전에 관한 업무

**11** ②

수의사 국가시험은 매년 농림축산식품부 장관이 시행한다 〈수의사법 제8조(수의사 국가시험) 제1항〉.

**12** ②

동물진료법인이 재산을 처분하거나 정관을 변경하려면 시 · 도지사의 허가를 받아야 한다〈수의사법 제22조의2(동물진료법인의 설립 허가 등) 제3항〉.

**13** ①

동물보호의 기본원칙 ··· 누구든지 동물을 사육 · 관리 또는 보호할 때에는 다음 각 호의 원칙을 준수하여야 한다〈동물보호법 제3조〉.

1. 동물이 본래의 습성과 몸의 원형을 유지하면서 정상적으로 살 수 있도록 할 것
2. 동물이 갈증 및 굶주림을 겪거나 영양이 결핍되지 아니하도록 할 것
3. 동물이 정상적인 행동을 표현할 수 있고 불편함을 겪지 아니하도록 할 것
4. 동물이 고통 · 상해 및 질병으로부터 자유롭도록 할 것
5. 동물이 공포와 스트레스를 받지 아니하도록 할 것

**14** ③

국가가 정한 개인정보의 보호 기준을 위반하여서는 아니 된다〈소비자기본법 제20조(소비자의 권익증진 관련 기준의 준수) 제5항〉.

**15** ②

동물병원 개설자는 동물 진단용 특수의료장비를 농림축산식품부령으로 정하는 설치 인정기준에 맞게 설치 · 운영하여야 한다〈수의사법 제17조의4(동물 진단용 특수의료장비의 설치 · 운영) 제2항〉.

**16** ③

동물실험을 한 자는 그 실험이 끝난 후 지체 없이 해당 동물을 검사하여야 하며, 검사 결과 정상적으로 회복한 동물은 기증하거나 분양할 수 있다〈동물보호법 제47조(동물실험의 원칙) 제5항〉.

**17** ③

정관 ··· 한국소비자원의 정관에는 다음 각 호의 사항을 기재하여야 한다〈소비자기본법 제34조〉.

1. 목적
2. 명칭
3. 주된 사무소 및 지부에 관한 사항
4. 임원 및 직원에 관한 사항
5. 이사회의 운영에 관한 사항
6. 제51조의 규정에 따른 소비자안전센터에 관한 사항
7. 제60조의 규정에 따른 소비자분쟁조정위원회에 관한 사항
8. 업무에 관한 사항
9. 재산 및 회계에 관한 사항
10. 공고에 관한 사항
11. 정관의 변경에 관한 사항
12. 내부규정의 제정 및 개정·폐지에 관한 사항

**18** ①

인증농장에 대한 지원 등 ··· 농림축산식품부장관은 인증농장에 대하여 다음 각 호의 지원을 할 수 있다〈동물보호법 제64조 제1항〉.

1. 동물의 보호·복지 증진을 위하여 축사시설 개선에 필요한 비용
2. 인증농장의 환경개선 및 경영에 관한 지도·상담 및 교육
3. 인증농장에서 생산한 축산물의 판로개척을 위한 상담·자문 및 판촉
4. 인증농장에서 생산한 축산물의 해외시장의 진출·확대를 위한 정보제공, 홍보활동 및 투자유치
5. 그 밖에 인증농장의 경영안정을 위하여 필요한 사항

**19** ②

조정위원회의 구성 ··· 위원은 다음 각 호의 어느 하나에 해당하는 자 중에서 대통령령이 정하는 바에 따라 원장의 제청에 의하여 공정거래위원회위원장이 임명 또는 위촉한다〈소비자기본법 제61조 제2항〉.

1. 대학이나 공인된 연구기관에서 부교수 이상 또는 이에 상당하는 직에 있거나 있었던 자로서 소비자권익 관련 분야를 전공한 자
2. 4급 이상의 공무원 또는 이에 상당하는 공공기관의 직에 있거나 있었던 자로서 소비자권익과 관련된 업무에 실무경험이 있는 자
3. 판사·검사 또는 변호사의 자격이 있는 자
4. 소비자단체의 임원의 직에 있거나 있었던 자
5. 사업자 또는 사업자단체의 임원의 직에 있거나 있었던 자
6. 그 밖에 소비자권익과 관련된 업무에 관한 학식과 경험이 풍부한 자

**20** ②

명예동물보호관의 자격, 위촉, 해촉, 직무, 활동 범위와 수당의 지급 등에 관한 사항은 대통령령으로 정한다〈동물보호법 제90조(명예 동물보호관) 제3항〉.

| 05 | 보호자 교육 및 상담 | | | | | | | | |
|---|---|---|---|---|---|---|---|---|---|
| 1 | ① | 2 | ③ | 3 | ④ | 4 | ② | 5 | ④ |
| 6 | ④ | 7 | ④ | 8 | ③ | 9 | ③ | 10 | ① |
| 11 | ④ | 12 | ④ | 13 | ③ | 14 | ② | 15 | ④ |
| 16 | ③ | 17 | ③ | 18 | ④ | 19 | ① | 20 | ② |

**1** ①

사료를 줄 때는 서열이 높은 개에게 우선권을 주거나 사료 먹는 장소를 분리해주는 것이 좋다.

**2** ③

강아지에게는 일관된 사료를 제공해야 한다. 자칫 사료가 자주 바뀌면 설사를 할 수 있기 때문이다.

**3** ④

커뮤니케이션은 청자와 화자 상호 간의 쌍방향적으로 진행되는 활동이다.

**4** ②

① 정보전달기능 : 개인과 집단 또는 조직 등에 정보를 전달해 주는 기능으로써 의사결정의 촉매제 역할을 하며, 여러 대안을 파악하고 평가하는데 있어 필요한 정보를 제공해 줌으로써 의사결정을 원활히 이루어지게 하는 것을 의미한다.
③ 동기유발기능 : 구성원들이 해야 할 일, 직무성과를 개선하며 이를 달성하기 위해서 어떻게 해야 하는지, 다른 구성원들과 어떠한 방식으로 협동해야 하는지 등을 구체적으로 알려주는 매체 역할을 하는 것을 의미한다.
④ 통제기능 : 구성원들의 행동을 조정 통제하는 기능을 하는데, 이는 구성원들의 행동이 어떤 특정한 방향으로 움직이도록 통제하는 것을 의미한다.

**5** ④

커뮤니케이션에 대한 상황장애요인은 다음과 같다.
• 정보의 과중 : 수신자에게 그가 수용할 수 있는 이상의 과중한 메시지가 전달되게 되면 의사소통의 유용성은 감소된다.
• 어의상의 문제 : 같은 단어가 서로 다른 사람들에게 아주 다른 의미를 가질 시에 나타나며, 특히 송신자가 상당히 추상적인 인용어나 또는 고도의 전문용어를 사용할 경우에 수신자가 그 말뜻을 이해하지 못할 시에 효과적인 커뮤니케이션은 기대하기 어렵다.
• 시간의 압박 : 시간의 부족으로 인해 대화가 피상적인 것이 되어버리는 경우에 이러한 의사소통의 피상성은 커뮤니케이션의 정확성을 저해하게 된다.
• 비언어적 메시지 : 대면의사소통에서는 언어적 메시지 및 비언어적 메시지 등을 함께 사용하는데, 이러한 언어적 메시지 및 비언어적 메시지의 불일치는 커뮤니케이션의 유효성을 감소시키게 된다.
• 커뮤니케이션 분위기의 문제 : 평소에 개방성 및 신뢰성 등이 낮은 조직에서는 커뮤니케이션의 의도가 부정적으로 왜곡되기 쉽다.

**6** ④

I-Message가 아닌 You-Message에 대한 내용이다. 상대에게 일방적으로 강요, 공격, 비난하는 느낌을 전달하게 되면 상대는 변명하려 하거나 또는 반감, 저항, 공격성 등을 보이게 된다.
※ I-Message
이는 상대의 행동을 비난하거나 또는 지적하는 것이 아닌 내 자신에게 초점을 맞추어서 나의 감정 및 느낌 등을 솔직하게 풀어내는 대화기술을 의미한다.
예 '당신이 ~한 행동을 할 때마다(상대의 행동을 표현), 나는 ~를 느껴요' (나의 감정을 표현)

**7** ④

효과적인 주장을 하기 위한 AREA 법칙

| 구분 | 내용 | 사례 |
|---|---|---|
| 주장<br>(assertion) | 우선적으로 주장의 핵심을 말한다. | "~는 ~ 이다."<br>"~는 ~ 한다." |
| 이유<br>(reasoning) | 주장의 근거를 설명한다. | "왜냐하면 ~ 이다."<br>"~ 이기 때문이다." |
| 증거<br>(evidence) | 주장의 근거에 대한 증거 또는 실례 등을 제시한다. | "예를 들어 ~ 이다." |
| 주장<br>(assertion) | 다시금 주장을 되풀이한다. | "따라서 ~ 이다." |

**8** ③

고객의 마음은 쉽게 변하므로 자사에 대한 한번 마음이 떠난 고객의 경우에는 다시금 자사로 돌아오기가 상당히 어렵다.
※ 고객의 특징
- 고객은 월급을 주는 사람이다.
- 고객은 첫인상 등에 상당히 민감하다.
- 고객은 쉽게 변한다.
- 관리되어진 고객들만이 구매를 한다.
- 고객들은 신속하면서도 명확한 서비스를 좋아하며 기대한다.
- 고객의 경우에는 요구사항들이 많으며 권리에 대한 주장이 상당히 강하다.
- 마음이 떠난 고객의 경우에는 다시금 자사로 돌아오기가 상당히 어렵다.
- 자사의 제품을 많이 구매한 고객일수록 그들이 바라는 요구사항들이 많다.
- 고객은 회사가 고객 자신만을 알아주기를 바라고 있다.
- 고객은 항상 옆에 있다.
- 고객은 왕이며, 언제나 정당하다.
- 고객은 자신이 지불한 것에 대응하는 서비스를 받고 싶어 한다.

- 고객은 자신들의 불평을 들어줄 때에는 단골이 된다.
- 고객은 지니고 있는 불만을 말하지 않을 때 더 무섭다.
- 고객은 천태만상, 각양각색이다.
- 고객들은 매사에 즉흥적이다.
- 직원 100명 중에서 단 1명이라도 실수를 하더라도 고객의 입장에서는 100%의 실수인 것이다.

**9** ③

'왜(why)' 질문은 의문사를 남용하여 보호자로 하여금 비난받는다는 느낌이 들게 하는 질문이다.

**10** ①

반려견 보호자와 라포 형성 방법은 다음과 같다.

| 구분 | 내용 |
|---|---|
| 언어적<br>의사소통 기술 | • 보호자의 감정적 호소에 호응한다.<br>• 보호자의 발언 중 핵심을 언급한다.<br>• 보호자의 발언에 호의적인 태도를 보인다. |
| 비언어적<br>의사소통 기술 | • 보호자와 눈을 맞추며 대화한다.<br>• 보호자의 자세를 관찰하여 적절히 대응한다.<br>• 보호자의 표정을 관찰하여 적절히 대응한다. |

## 11 ④

고객들의 불평불만에 대한 처리 과정을 공개함으로써 문제 해결에 대한 진행성 및 투명성을 제공해야 한다.

※ 고객에 대한 컴플레인 응대의 원칙

| 구분 | 원칙 |
|------|------|
| 접근의 용이 | 불평불만 접수처의 물리적인 접근의 용이 |
| 책임의 공유 | 모든 종업원들 고객 불평불만 처리에 대한 정보 및 책임의 공유 |
| 사과 | 고객에 대한 진심어린 사과가 최우선 |
| 해결 | 고객의 활용이 편리하게끔 하는 컴플레인 해결 |
| 비밀의 존중 | 고객의 비밀을 존중 |
| 정보의 활용 | 고객의 불평불만에 대한 정보의 활용 |
| 과정의 공개 | 빠른 처리 및 처리 과정의 공개 |

## 12 ④

컴플레인 해결 5가지 기본원칙은 다음과 같다.

- 언어절제의 원칙 : 당신 스스로가 사람들에게 따지고 상처를 주고 반박을 한다면 때때로 승리할 수도 있지만 이는 공허한 승리에 불과하다.
- 감정통제의 원칙 : 고객과의 통화 시에는 감정을 통제할 수 있어야 한다.
- 역지사지의 원칙 : 누구도 그 사람의 입장이 되어보지 않고서는 그의 마음을 알 수 없으므로 고객의 입장에서 문제를 해결할 수 있도록 노력해야 한다.
- 피뢰침의 원칙 : 고객은 개인적인 감정이 있어 화를 내는 것이 아닌 기업의 복잡한 규정 및 제도 등에 항의하는 것이므로, 불만고객들과의 상담 시 감정에 치우치지 말고 본인의 역할을 성실히 수행해야만 원만한 상담이 가능하다는 것을 말한다.
- 책임 공감의 원칙 : 고객의 불만이 나를 향한 것이 아니라고 해서 책임이 없는 것은 아니며 조직의 구성원으로서 고객들의 불만족에 대한 책임을 져야만 한다. 고객에게는 담당자가 중요한 것이 아닌 나의 문제를 해결해 줄 것인지 아닌지가 중요한 것을 말한다.

## 13 ③

나타난 대안 중에서 선택을 해야 하는 문제점이 존재하는 것은 폐쇄형 질문이다. 즉, 개방형 질문은 폭 넓은 답을 얻을 수 있고, 폐쇄형 질문은 주어진 질문에서 답을 해야 한다.

## 14 ②

전달화법은 상대를 원망 또는 탓하기 보단 내 자신의 감정을 전달하는 것이다.

## 15 ④

효과적인 화법의 요소에는 직접성, 명료성, 성실성 등이 있다.

## 16 ③

반려견 보호자로부터 대면 폭언을 들었을 경우 다음과 같이 대처한다.

- 정중하고 단호한 어조로 중지 요청
- 녹음 및 녹화 안내
- 폭력 및 협박 관련 법규 위반 안내
- 보안요원 호출
- 응대 종료

## 17 ③

VIP 반려견 보호자에 대한 설명이다. 일반 반려견 보호자는 활용의 빈도가 낮으며 서비스를 다른 곳으로 바꿀 수 있는 가능성을 지니고 있는 반려견 보호자이다.

## 18 ④

메라비언의 법칙(the law of mehrabian)은 캘리포니아대학교의 앨버트 메라비언(albert mehrabian)이 1970년 저서 「silent messages」에서 발표한 것으로 커뮤니케이션 이론에서 중요시되는 이론이다. 시각이미지는 자세·용모와 복장·제스처 등 외적으로 보이는 부분을 말하며, 청각은 목소리의 톤이나 음색(音色)처럼 언어의 품질을 말하고, 언어는 말의 내용을 의미한다. 이때, 메라비언의 법칙은 한 사람이 상대방으로부터 받는 이미지는 시각이 55%, 청각이 38%, 언어가 7%에 이른다는 법칙을 의미한다. 그만큼 말의 내용적인 요소보다는 눈에 보이는 상대방의 용모, 복장, 시선, 태도 등이 더 중요시된다는 것을 알 수 있다.

## 19 ①

라포(rapport)는 신뢰와 친근함으로 이루어지는 관계로 서로가 통하는 상태를 의미한다.

## 20 ②

선택적 청취란 수신자는 자기 자신의 욕구를 충족시키거나 또는 자신들의 신념과 일치하는 메시지는 받아들이고 자신에게 위협을 가하거나 또는 기존의 신념 및 갈등 등을 일으키게 되는 메시지는 부정하거나 왜곡하고 이에 대해 귀를 기울이지 않으며 해당 정보를 거부하려는 경향이 있다.

## 제3회 정답 및 해설

| 01 | 반려동물 행동학 | | | | | | | | |
|---|---|---|---|---|---|---|---|---|---|
| 1 | ③ | 2 | ① | 3 | ② | 4 | ① | 5 | ③ |
| 6 | ① | 7 | ① | 8 | ④ | 9 | ④ | 10 | ④ |
| 11 | ② | 12 | ③ | 13 | ① | 14 | ② | 15 | ① |
| 16 | ① | 17 | ③ | 18 | ② | 19 | ② | 20 | ④ |

## 1 ③

'학습'은 동물들이 동일한 종이라 할지라도 각 개체마다 처한 환경의 특성에 의해 각기 다른 행동을 보일 수 있다. 이러한 동물들의 학습은 일종의 시행착오, 관찰, 모방 등을 통해 여러 가지 형태로 구분된다.

## 2 ①

마킹(marking) 행동은 다른 개체와 소통하는 행동으로 세력권, 경고, 무리보호 등을 목적으로 하며 산책 시 여러 장소에서 배뇨하는 행위는 자신의 영역을 냄새를 묻히는 표식 행동이다.

## 3 ②

생후 2~3주에 눈을 뜨지만 물체를 구분할 수 있는 시기는 생후 4주이다.

## 4 ①

단일종의 개체들 간에는 변이가 무수히 있는데, 이 다양한 개체들 가운데서 오직 일부만이 살아남아 번식하여 생존경쟁이 이루어지고 단일종 가운데 가장 잘 적응한 개체들만이 살아남아 그들의 형질을 다음 세대에 전달하게 된다. 그리고 수없이 많은 세대를 거쳐 자연은 자연환경에 가장 잘 적응하는 것들을 '선택'하게 되는데, 이를 자연도태(natural selection)라고 한다.

**5 ③**

사회화 시기의 반려견 애착 대상은 생물적 요인, 비생물적 요인 모두에 미친다.

**6 ①**

청소년기에는 대상에 따른 공포심을 가질 수 있는 일종의 '퇴행 현상'이 나타날 수 있으며, 반려견의 행동 발달이 완성되어지는 시기이다.

**7 ①**

치와와(chihuahua)는 아주 오래전 중앙아메리카에서 발견된 견종으로 아즈텍 문명에서는 개가 사후 세계를 안내해 준다고 믿어서 가족이 죽으면 치와와를 함께 묻는 관습이 있었으며, 이러한 치와와는 아즈텍 문명이 멸망한 후에 떠돌이 신세로 전락되어 오랫동안 방치되었다가 멕시코의 치와와 주에서 미국으로 건너가면서 '치와와'라는 이름을 얻게 되었고 반려견으로 소형화되었다.

**8 ④**

개의 후각은 인간의 40배 이상으로, 상당히 민감해 인간에 비해 그 검출감도는 100만 배 이상이다.

**9 ④**

반려견이 하품할 때 보이는 시그널은 피곤, 불안, 복종, 흥분, 공감 등이다.

**10 ④**

코커 스패니얼(cocker spaniel)은 16세기부터 예민한 후각으로 새를 사냥을 도와주던 플러싱 도그(flushing dog)였다. 사냥견이었던 잉글리시 코커 스패니얼은 미국으로 건너가면서 아메리칸 코커 스패니얼이 되었으며 본래의 사냥에 활용되기보다는 반려견으로 자리를 잡게 되었다. 또한, 비글, 슈나우저와 함께 '3대 악마견'으로도 불린다.

**11 ②**

① 전위행동 : 불안하고 불만족한 상태에서 하품, 입술 핥기 등 카밍 시그널을 보인다.
③ 진공행동 : 원하는 본능적인 행동을 수행할 수 없을 때 어떠한 필요나 자극 없이 표출하는 특정 행동이다.
④ 양가행동 : 상반된 욕구나 정서상태에서 표현되는 행동이다.

**12 ③**

고개 돌리기(head turning)는 아주 살짝 돌릴 수도 있고 돌리고 잠시 가만히 있을 수도 있는데, 반려견 자신에게 다가오는 것에 대한 진정의 의미 또는 다른 개가 흥분한 상태로 빨리 접근하거나 정면으로 접근할 때 나타나는 동작이다. 또는 사람이 구부린 상태에서 접근하거나 빤히 쳐다볼 때 나타나는 카밍 시그널이기도 하다.

**13 ①**

보호자가 나간 후 짖는다. - 분리불안/두려움

**14 ②**

개의 다섯 가지 감각은 '후각 → 청각 → 시각 → 촉각 → 미각' 순으로 발달한다.

**15** ①

눈을 뜨고 귀가 열리는 이행기에 가벼운 스트레스를 주면서 스트레스를 긍정적으로 받아들이게 한다.

**16** ①

토이에 속하는 견종으로는 시츄, 푸들, 말티즈, 미니어쳐 핀셔 등이 있다. 참고로 닥스훈트는 하운드에 속한다.

**17** ③

동물행동학의 네 가지 관점은 다음과 같다.

| 구분 | 내용 |
| --- | --- |
| 지근요인 | 행동의 메커니즘 연구 |
| 궁극요인 | 행동의 생물학적 의의(의미) 연구 |
| 발달 | 행동의 개체발달 연구 |
| 진화 | 행동의 계통연구 |

**18** ②

반려견의 이상행동에 속하는 문제행동은 상동행동, 변칙행동, 이상반응이 있으며 정상행동에 속하는 것은 섭식행동, 배설행동, 운동행동, 몸치장행동, 호신행동, 휴식행동, 탐색행동, 놀이행동 등이 있다.

**19** ②

비글(beagle)의 후각은 상당히 민감한 편이다.

**20** ④

암캐는 통상적으로 10 ～ 12개월에 첫 번째 발정이 시작되는데, 발정주기는 '발정전기 → 발정기 → 발정휴지기 → 무발정기' 4단계다.

| 02 | 반려동물 관리학 | | | | | | | | |
| --- | --- | --- | --- | --- | --- | --- | --- | --- | --- |
| 1 | ③ | 2 | ③ | 3 | ④ | 4 | ② | 5 | ③ |
| 6 | ② | 7 | ② | 8 | ④ | 9 | ④ | 10 | ② |
| 11 | ④ | 12 | ① | 13 | ④ | 14 | ② | 15 | ① |
| 16 | ② | 17 | ② | 18 | ④ | 19 | ③ | 20 | ① |

**1** ③

꼬리는 비교적 짧은 편으로, 통상적으로 몸통 길이의 반 이하이다.

**2** ③

동물분류학상 생물은 '계－문－강－목－과－속－종'으로 분류되는데, 개는 '동물계－척추동물문－포유동물강－식육목－개과－개속－개종'으로 분류할 수 있다.

**3** ④

① 시신경 : 망막에서 감지된 시각 정보를 대뇌로 전달한다.
② 모양체 : 수축과 이완을 통해 수정체의 두께를 조절한다.
③ 눈물샘 : 누선이라고도 하며 상안검 바깥쪽에 위치한다.

**4** ②

척수는 척추뼈의 척추구멍의 척주(척추)관을 따라 연결된 중추신경계로 뇌에서부터 나온 각종 정보를 반려견 신체 각각의 부위에 전달하는 줄기 역할을 수행한다.

**5** ③

① 골격근에 대한 설명이다.
② 심근에 대한 설명이다.
④ 골격근과 다른 생리작용이 나타나며 자율신경의 지배를 받는 불수의근이다.

**6** ②

앞니의 치아 뿌리는 1개이다.

**7** ②

십이지장의 길이는 약 50cm 전후이다.

**8** ④

개의 신장 1개의 중량은 대략 50 ~ 60g 정도이다.

**9** ④

반려견의 체중이 갑작스럽게 감소했을 때 장염, 기생충, 갑상샘 기능항진증, 혈액 관련 질병, 구강 내·인두 내 질병, 악성종양(암), 면역력 저하, 당뇨병(인슐린 부족) 등을 의심할 수 있다.

**10** ②

혀 점막에 많은 유두가 돌출되어 사료를 씹을 때 기계적 작용 및 맛을 느끼게 한다. 가시같은 돌기는 고양이 혀의 특징이다.

**11** ④

질 내 분비액은 질, 자궁, 난관의 수축을 활발하게 한다.

**12** ①

② 포도 : 콩팥 손상을 유발하여 사망에 이르게 한다.
③ 양파 : 심한 경우 빈혈로 사망할 수 있다.
④ 계란 흰자 : 설사를 유발한다.

**13** ③

예방접종 당일에 하는 목욕은 스트레스를 주기 때문에 하지 않는 것이 좋다.

**14** ②

반려견의 장염은 대장 또는 소장의 점막에 염증이 발생하는 질병을 말한다.

**15** ①

개 종합백신(DHPPL)은 전염성이 강한 다섯 가지 질병(디스템퍼, 전염성 간염, 파보 바이러스, 파라인플루엔자성 기관지염, 렙토스피라증)을 예방한다.

**16** ②

통상적인 개의 정상적인 체온은 37.2 ~ 39.2℃이다.

**17** ②

소형견의 정상적인 맥박 수는 90 ~ 160회/분이다.

**18** ④

통상적인 개의 정상 호흡수는 평균 16 ~ 32회/분이다.

**19** ③

몸높이가 몸길이보다 긴 하이온 타입에 대한 설명이다.

**20** ①

② 길고 부드러운 모질
③ 곱슬곱슬한 모질
④ 거칠고 두꺼운 모질

| 03 | 반려동물 훈련학 | | | | | | | | |
|---|---|---|---|---|---|---|---|---|---|
| 1 | ③ | 2 | ③ | 3 | ① | 4 | ③ | 5 | ① |
| 6 | ③ | 7 | ① | 8 | ② | 9 | ② | 10 | ② |
| 11 | ③ | 12 | ④ | 13 | ② | 14 | ① | 15 | ④ |
| 16 | ② | 17 | ③ | 18 | ① | 19 | ① | 20 | ④ |

**1  ③**

긴 시간 놀아주면 의욕을 잃어버릴 수 있으므로 짧은 시간, 여러 번 반복하는 것이 좋다.

**2  ③**

호기심이 많아지고 학습능력이 뛰어난 생후 6개월 ~ 12개월 미만이 가장 적절하다.

**3  ①**

클리커 교육은 개들이 이해할 수 있는 방법으로, 먹이 또는 좋아하는 장난감, 특정한 일의 표시를 통해 긍정 강화를 활용한다. 개들의 바람직한 행동을 순간적으로 포착해 이를 표시하고 보상해주는 것이 주요 원리이다.

**4  ③**

쉐이핑(shaping)은 루어링 또는 물리적 압박 없이 행동 표시와 강화물을 활용해 새롭거나 또는 개선된 행동으로 발전시키는 과정을 말하며, 이러한 쉐이핑은 작은 여러가지 행동들로 나누어 이를 캡쳐하고, 새롭고 더욱 복잡한 행동으로 발전시키는 것이다.

**5  ①**

② 트레이트 : 개집으로, 반려견이 편안하게 쉴 수 있는 공간이다.
③ 이동용 개집 : 장거리 여행이나 새로운 환경에 적응시킬 때 사용한다.
④ 육각 케이지 : 반려견만의 공간을 인식할 수 있게 하며, 운동장 역할을 한다.

**6  ③**

① 초크 체인 : 쇠사슬 목줄을 목에 걸고 행동을 통제한다. 복종 훈련용으로 사용된다.
② 핀치 칼라 : 사용 시 반려견에게 부상을 가할 수 있기 때문에 숙련된 훈련사가 사용한다.
④ 헤드 목줄 : 목에 줄을 채우는 동시에 입과 머리를 감싸준다.

**7  ①**

지래는 '물품 가져오기'를 의미하며 초호는 '불러들이기'를 의미한다.

**8  ②**

회수용 더미는 더미 내 간식을 넣을 수 있는 주머니가 장착된 더미를 말한다.

**9  ②**

간식을 따라 반려견이 움직이면 반려견을 옆쪽으로 유인하며, 이때 사람은 움직이지 말고 강아지만 먹이를 따라 움직여 옆에 위치시킨다.

## 10 ②

'공포 및 불안' 등에 연관된 문제행동에는 분리불안, 공포증, 불안기질 등이 있다.

## 11 ③

차량에 탑승할 시에는 가벼운 공복으로 타는 것이 좋다. 또한, 최소 차량 출발 3시간 전부터는 음식 섭취를 하지 말고 충분한 산책 후에 차량에 탑승해야 한다.

## 12 ④

① 반려견이 자는 곳과 떨어진 곳에 화장실을 설치한다.
② 패드 사용 시 최대한 크게 만들어 준다.
③ 패드 사용 시 패드를 편하게 생각할 수 있도록 간식을 이용하여 보상한다.

## 13 ②

명령어 '기다려'는 반려견을 문 앞에서 기다리게 하고 싶을 때, 공격성을 보이는 반려견을 안정시킬 때, 하우스에서 기다리게 할 때, 다른 반려견에게 인사하고 휴식을 취하게 할 때 등 사용된다.

## 14 ①

순화는 반려견이 새롭거나 신기한 자극을 받으면 놀라거나 불안해지는데 이 자극이 고통이나 상해를 주는 것이 아닌 것을 느끼고 인식하게 되면 자극의 반복을 통해 점차 익숙해져 가는 과정을 의미한다. 예를 들어 타인에 대한 순화, 타견에 대한 순화, 여러 소리에 대한 순화, 움직이는 물체에 대한 순화, 차를 타는 것에 대한 순화 등이 있다.

## 15 ④

BIS는 best in show로, 해당 쇼에서 최고의 개에게 부여하는 최고상이다.
① BOS : BOB 수상견의 다른 성별의 베스트 주니어, 위너스, 베스트 베테랑이 경합을 벌여 선발한다.
② BOB : 해당 쇼에서 각 그룹 내 견종별로 경합을 벌여 견종별 최고의 개에게 부여한다.
③ BIG : 해당 쇼에서 각 그룹에서 최고의 개에게 부여하는 상이다.

## 16 ②

프리 스텐딩(free standing)은 핸들러가 개에게 손을 대지 않고 리드로 컨트롤 하면서 견종의 특징을 끌어내어 좋은 모습으로 서게 하는 것을 의미한다.

## 17 ③

도그쇼 클래스 구분은 다음과 같다.

| 구분 | 내용 |
| --- | --- |
| 베이비 클래스 | 생후 3개월 1일 ~ 6개월 |
| 퍼피 클래스 | 생후 6개월 1일 ~ 9개월 |
| 주니어 클래스 | 생후 9개월 1일 ~ 15개월 |
| 인터미디어트 클래스 | 생후 15개월 1일 ~ 24개월 |
| 오픈 클래스 | 생후 24개월 1일 이상 |
| 챔피언 클래스 | 챔피언 타이틀을 획득한 견 |
| 베테랑 클래스 | 생후 8년 이상 |

## 18 ①

짖는 문제 행동일 경우 반려견의 생활환경, 보호자의 생활 패턴, 언제부터, 얼마나, 어떻게, 누구에게, 어디에서 짖는지 확인한다.

## 19 ①

즉시, 적절하게, 일관되게가 이루어져야 효과적인 결과를 얻을 수 있다.

## 20 ④

물리적 자극의 활용은 개의 교육에 있어 부정적 영향을 미칠 수 있다.

| 04 | 직업윤리 및 법률 | | | | | | | | |
|---|---|---|---|---|---|---|---|---|---|
| 1 | ② | 2 | ③ | 3 | ① | 4 | ③ | 5 | ③ |
| 6 | ① | 7 | ① | 8 | ② | 9 | ② | 10 | ② |
| 11 | ① | 12 | ② | 13 | ② | 14 | ④ | 15 | ④ |
| 16 | ① | 17 | ③ | 18 | ① | 19 | ③ | 20 | ④ |

## 1 ②

위원의 임기는 2년으로 한다〈동물보호법 제53조(윤리위원회의 구성) 제5항〉.

## 2 ③

영업자의 지위를 승계한 자는 그 지위를 승계한 날부터 30일 이내에 농림축산식품부령으로 정하는 바에 따라 특별자치시장·특별자치도지사·시장·군수·구청장에게 신고하여야 한다〈동물보호법 제75조(영업승계) 제3항〉.

## 3 ①

한국소비자원은 법인으로 한다〈소비자기본법 제33조(설립) 제2항〉.

## 4 ③

원장·부원장·소장 및 대통령령이 정하는 이사는 상임으로 하고 그 밖의 임원은 비상임으로 한다〈소비자기본법 제38조(임원 및 임기) 제2항〉.

## 5 ③

동물진료법인의 설립 허가 취소 ··· 농림축산식품부장관 또는 시·도지사는 동물진료법인이 다음 각 호의 어느 하나에 해당하면 그 설립 허가를 취소할 수 있다〈수의사법 제22조의5〉.

1. 정관으로 정하지 아니한 사업을 한 때
2. 설립된 날부터 2년 내에 동물병원을 개설하지 아니한 때
3. 동물진료법인이 개설한 동물병원을 폐업하고 2년 내에 동물병원을 개설하지 아니한 때
4. 농림축산식품부장관 또는 시·도지사가 감독을 위하여 내린 명령을 위반한 때
5. 제22조의3 제1항에 따른 부대사업 외의 사업을 한 때

## 6  ①

원장은 피해구제의 신청을 받은 날부터 <u>30일 이내에</u> 합의가 이루어지지 아니하는 때에는 지체 없이 소비자 분쟁조정위원회에 분쟁조정을 신청하여야 한다. 다만, 피해의 원인규명 등에 상당한 시일이 요구되는 피해구제신청사건으로서 대통령령이 정하는 사건에 대하여는 60일 이내의 범위에서 처리 기간을 연장할 수 있다〈소비자기본법 제58조 (처리기간)〉.

## 7  ①

부대사업을 하려는 동물진료법인은 농림축산식품부령으로 정하는 바에 따라 미리 동물병원의 소재지를 관할하는 시·도지사에게 신고하여야 한다. 신고사항을 변경하려는 경우에도 또한 같다〈수의사법 제22조의3(동물진료법인의 부대사업) 제3항〉.

## 8  ②

이 법은 동물의 생명보호, 안전 보장 및 <u>복지 증진</u>을 꾀하고 건전하고 책임 있는 사육문화를 조성함으로써, 생명 존중의 국민 정서를 기르고 사람과 동물의 조화로운 공존에 이바지함을 목적으로 한다〈동물보호법 제1조(목적)〉.

## 9  ②

동물의 운송 … 동물을 운송하는 자 중 농림축산식품부령으로 정하는 자는 다음 각 호의 사항을 준수하여야 한다〈동물보호법 제11조 제1항〉.

1. 운송 중인 동물에게 적합한 사료와 물을 공급하고, 급격한 출발·제동 등으로 충격과 상해를 입지 아니하도록 할 것
2. 동물을 운송하는 차량은 동물이 운송 중에 상해를 입지 아니하고, 급격한 체온 변화, 호흡곤란 등으로 인한 고통을 최소화할 수 있는 구조로 되어 있을 것
3. 병든 동물, 어린 동물 또는 임신 중이거나 포유 중인 새끼가 딸린 동물을 운송할 때에는 함께 운송 중인 다른 동물에 의하여 상해를 입지 아니하도록 칸막이의 설치 등 필요한 조치를 할 것
4. 동물을 싣고 내리는 과정에서 동물 또는 동물이 들어있는 운송용 우리를 던지거나 떨어뜨려서 동물을 다치게 하는 행위를 하지 아니할 것
5. 운송을 위하여 전기(電氣) 몰이도구를 사용하지 아니할 것

## 10  ②

중앙행정기관의 장 및 지방자치 단체의 장은 권고를 받은 날부터 3개월 내에 필요한 조치의 이행계획을 수립하여 정책위원회에 통보하여야 한다〈소비자기본법 제25조(정책위원회의 기능 등)제 제4항〉.

## 11  ①

수의사회를 설립하려는 경우 그 대표자는 대통령령으로 정하는 바에 따라 정관과 그 밖에 필요한 서류를 농림축산식품부 장관에게 제출하여 그 설립인가를 받아야 한다〈수의사법 제24조(설립인가)〉.

**12** ②

윤리위원회의 기능 등 … 윤리위원회는 다음 각 호의 기능을 수행한다〈동물보호법 제54조 제1항〉.
1. 동물실험에 대한 심의(변경심의를 포함한다. 이하 같다)
2. 제1호에 따라 심의한 실험의 진행 · 종료에 대한 확인 및 평가
3. 동물실험이 제47조의 원칙에 맞게 시행되도록 지도 · 감독
4. 동물실험시행기관의 장에게 실험동물의 보호와 윤리적인 취급을 위하여 필요한 조치 요구

**13** ②

소장은 원장의 지휘를 받아 규정에 따라 설치되는 소비자안전센터의 업무를 총괄하며, 원장 · 부원장 및 소장이 아닌 이사는 정관이 정하는 바에 따라 한국소비자원의 업무를 분장한다〈소비자기본법 제39조(임원의 직무) 제3항〉.

**14** ④

동물보호관의 자격, 임명, 직무 범위 등에 관한 사항은 대통령령으로 정한다〈동물보호법 제88조(동물보호관) 제2항〉.

**15** ④

시 · 도지사와 시장 · 군수 · 구청장은 맹견이 사람에게 신체적 피해를 주는 경우 농림축산식품부령으로 정하는 바에 따라 소유자등의 동의 없이 맹견에 대하여 격리조치 등 필요한 조치를 취할 수 있다〈동물보호법 제21조(맹견의 관리) 제2항〉.

**16** ①

시 · 도지사와 시장 · 군수 · 구청장은 법 제34조 제3항에 따라 소유자등에게 학대받은 동물을 보호할 때에는 「수의사법」 제2조 제1호에 따른 수의사(이하 "수의사"라고 한다)의 진단에 따라 기간을 정하여 보호조치 하되, 5일 이상 소유자 등으로부터 격리조치를 해야 한다〈동물보호법 시행규칙 제15조(보호조치 기간)〉.

**17** ③

처방전의 서식 및 기재사항 … 수의사는 처방전을 발급하는 경우에는 다음 각 호의 사항을 적은 후 서명(「전자서명법」에 따른 전자서명을 포함한다. 이하 같다)하거나 도장을 찍어야 한다. 이 경우 처방전 부본(副本)을 처방전 발급일부터 3년간 보관해야 한다〈수의사법 시행규칙 제11조 제3항〉.
1. 처방전의 발급 연월일 및 유효기간(7일을 넘으면 안 된다)
2. 처방 대상 동물의 이름(없거나 모르는 경우에는 그 동물의 소유자 또는 관리자(이하 "동물소유자 등"이라 한다)가 임의로 정한 것), 종류, 성별, 연령(명확하지 않은 경우에는 추정연령), 체중 및 임신 여부. 다만, 군별 처방인 경우에는 처방 대상 동물들의 축사번호, 종류 및 총 마릿수를 적는다.
3. 동물소유자 등의 성명 · 생년월일 · 전화번호. 농장에 있는 동물에 대한 처방전인 경우에는 농장명도 적는다.
4. 동물병원 또는 축산농장의 명칭, 전화번호 및 사업자등록번호
5. 다음 각 목의 구분에 따른 동물용 의약품 처방 내용

**18** ①

국가는 소비자와 사업자 사이에 발생하는 분쟁을 원활하게 해결하기 위하여 대통령령이 정하는 바에 따라 소비자 분쟁해결기준을 제정할 수 있다〈소비자기본법 제16조(소비자 분쟁의 해결) 제2항〉.

## 19 ③

소비자단체의 등록 … 소비자단체는 다음 각 호의 사항이 변경된 경우에는 변경된 날부터 20일 이내에 공정거래위원회 또는 시·도지사에게 통보하여야 한다〈소비자기본법 시행령 제23조 제6항〉.
1. 명칭
2. 주된 사무소의 소재지
3. 대표자 성명
4. 주된 사업내용

## 20 ④

소비자 단체는 사업자 또는 사업자 단체로부터 제공받은 자료 및 정보를 소비자의 권익을 증진하기 위한 목적이 아닌 용도로 사용함으로써 사업자 또는 사업자 단체에 손해를 끼친 때에는 그 손해에 대하여 배상할 책임을 진다〈소비자기본법 제28조(소비자단체의 업무) 등 제5항〉.

| 05 | 보호자 교육 및 상담 | | | | | | | | |
|----|----|----|----|----|----|----|----|----|----|
| 1 | ③ | 2 | ① | 3 | ③ | 4 | ② | 5 | ④ |
| 6 | ② | 7 | ① | 8 | ② | 9 | ① | 10 | ③ |
| 11 | ④ | 12 | ④ | 13 | ④ | 14 | ③ | 15 | ① |
| 16 | ③ | 17 | ② | 18 | ② | 19 | ③ | 20 | ① |

## 1 ③

사회화는 공공의 장소에서 나타날 수 있는 갈등을 최소화하는 최선의 예방 방법이다.

## 2 ①

강아지들이 설사하지 않거나 하는 등의 범위에서 4~5회 정도는 이전의 사료 양보다 더 많이 준다.

## 3 ③

이해하기 용이한 주제를 화제로 선택한다.

## 4 ②

커뮤니케이션에 대한 수신자의 장애요인이다. 청취는 송신자가 아닌 수신자의 입장이기 때문이다.

## 5 ④

① 긍정화법 : 긍정적인 피드백과 메시지를 전하는 화법이다.
② 보상화법 : 단점이 있으면 장점도 있기 마련임을 강조하는 화법이다.
③ 칭찬화법 : 상대방의 장점을 긍정적으로 표현하는 화법이다.

**6 ②**

화자가 전달하고자 하는 내용에 대해 청자는 화자의 내용을 잘 듣고 있다는 의미에서 온몸으로 맞장구를 치는 등의 일종의 메시지를 보내야 한다.

※ 효과적인 경청방법
- 인내심을 지녀라
- 온 몸으로 맞장구를 쳐라
- 말하지 마라
- 산만해질 수 있는 요소들을 제거하라
- 질문하라
- 전달하고자 하는 메시지의 핵심에 관심을 두어라
- 말하는 사람에게 동화되도록 노력하라
- 진심으로 듣기 원하는 것을 보여주어라
- 메시지의 내용 중에서 공감할 수 있는 부분을 찾아라
- 전달자의 메시지에 관심을 집중시켜라

**7 ①**

②③④⑤ You-Message에 대한 내용으로, 즉 상대의 잘못된 행동에 초점을 맞추는 것이 You-Message이다.

**8 ②**

고객들의 유형도 늘어나고 복잡다단해짐에 따라 이들의 요구 또한 다양하면서도 복잡해지고 있다. 즉. 사회, 문화, 정치, 경제 등이 발전할수록 고객들의 요구 또한 다양해짐에 주의해야 한다.

**9 ①**

대조 및 나열행동의 효과는 상품 속성의 평가에 관한 절대적인 기준이 없기 때문에 차별적인 대안으로 비교분석할 수 있게 해서 고객으로 하여금 직접 구매가치를 결정할 수 있게 하는 것이다.

※ 고객행동 유발의 특성
- 선도 효과 : 지명도 1위, 시장점유율 1위, 선호도 1위 등과 같이 시장 우위나 또는 브랜드 우위를 내세워 설득하는 효과이다.
- 세뇌행동 효과 : 어떠한 특정의 브랜드나 또는 회사명 등을 집중적으로 광고해 경쟁자가 회상되는 것을 저지하며 자사고객의 로열티를 증가시키려는 의도적인 마케팅 전략의 결과로 나타나는 고객행동 유형이다.
- 유인행동 효과 : 고객들의 과거경험 및 주관적 입장을 파악해서 고객들에게 새로운 것을 제시하거나 또는 고객의 구매유발 매개체를 만들고 이를 설득해서 고객의 행동을 유발하는 것이다.
- 협상 커뮤니케이션 효과 : 고객이 현재 접촉 중인 기업의 상품이나 또는 서비스 등에 대한 갈등 및 망설임, 의문사항 등이 있을 시에 1:1 커뮤니케이션을 통해서 고객의 행동을 유도하는 것이다.
- 구성 및 연출 효과 : 동일한 상품이라 할지라도 디자인과 가치 및 의미를 어떠한 방식으로 전달하느냐에 따라서 해당 상품의 이미지가 달라진다는 점을 강조하는 효과이다.
- 대조 · 나열행동 효과 : 상품 속성의 평가에 관한 절대적 기준이 없으므로, 차별적인 대안으로 비교분석할 수 있게 하여 고객이 직접적으로 구매가치를 결정할 수 있게 하는 것이다.

**10 ③**

밑줄 친 부분은 "B 혜택(benefits)"을 가시화시켜 설명하는 단계로 제시하는 이익이 고객에게 반영되는 경우 실제적으로 발생할 상황을 공감시키는 과정이다. 지문에서는 "가장 소득이 적고 많은 비용이 들어가는 은퇴 시기"라고 실제 발생 가능한 상황을 제시하였다. 또한, 이해만으로는 설득이 어렵기 때문에 고객이 그로 인해 어떤 변화를 얻게 되는지를 설명하는데 지문에서는 보험 가입으로 인해 "편안하게 여행을 즐기시고 또한 언제든지 친구들을 만나서 부담 없이 만나"에서 그 내용을 알 수 있으며 이는 만족, 행복에 대한 공감을 하도록 유도하는 과정이다.

**11 ④**

고객들에 대한 컴플레인 응대 시 '경청 → 공감 → 사과 → 모색 → 약속 → 처리 → 재사과 → 개선'의 과정을 거치게 된다.

**12 ④**

해설 서비스 실패는 다음과 같다.
- 책임이 분명한 과실
- 고객이 느끼기에 제공받은 서비스에 대해서 심각하게 떨어지는 서비스 결과를 경험하는 것
- 해당 서비스 접점에서 고객의 불만족을 발생시키는 열악한 서비스경험
- 고객이 인지하고 있는 허용범위 이하로 떨어지는 서비스성과
- 책임소재와는 관련 없이 서비스의 과정이나 또는 결과에 있어서 무언가 잘못된 것
- 서비스의 과정 및 결과에 대해 해당 서비스를 경험한 고객이 이로 인해 좋지 않은 감정을 지니는 것

**13 ④**

책임 공감의 원칙은 고객의 불만이 단지 나를 향한 것이 아니라고 해서 책임이 없는 것은 아니며 전사적 입장에서 조직의 구성원으로서 고객들의 불만족에 대한 책임을 져야만 한다는 것을 의미한다. 더불어 고객에게는 해당 파트의 담당자가 중요한 것이 아닌 실제적으로 고객의 문제를 해결해 줄 것인지 아닌지가 중요한 것을 말한다.

**14 ③**

글로써 의사소통을 하게 되면 중의적 표현으로 인해 여러 가지로 해석될 수 있으므로 해석이 다양해질 수 있다.

**15 ①**

반려견 보호자의 기분이 아닌 요구사항을 적절하게 파악하는 능력이다.

**16 ③**

감성지능은 자신과 타인의 감정을 잘 통제하고 여러 종류의 감정들을 잘 변별하여 이것을 토대로 자신의 사고와 행동을 방향 지을 근거를 도출해 내는 능력이다. 피터 살라보이(peter salavoy)와 존 메이어(john mayer)가 제시하고 골먼이 1996년에 대중화하였다.

**17 ②**

참고 알브레히트(karl albrecht)의 '고객서비스의 7가지 죄악'은 다음과 같다
- 무시(brush-off) : 고객의 요구 또는 상담에 대해 무시하고 고객을 피하는 일. 즉 정해진 시간과 절차 안에 고객을 속박시키고 고객의 문제에 대해서는 귀찮아하는 경우를 의미한다.
- 무관심(apathy) : '나와는 관계없다'는 식의 태도. 즉 주로 일에 지친 서비스 종업원이나 뒷짐을 지고 있는 관리자 등에게서 자주 볼 수 있는 형태이다.
- 어린애 취급(condescension) : 고객을 어린애 취급하는 것으로 이는 주로 의료기관에서 많이 볼 수 있다. 환자를 부르거나 대화할 때 낮추어 말하고, 치료 과정에 대해 자세히 설명해주지 않고 의사만 알고 있으면 된다는 식을 의미한다.
- 냉담(coldness) : 고객을 퉁명스럽고 불친절하게 대하는 등의 냉담한 반응을 보이면서 '방해가 되니 저쪽으로 가시오'라는 방식의 태도를 의미한다.
- 규정대로(rulebook) : 고객의 만족보다 회사의 규칙을 우선시하고 자신이 맡은 업무 외에는 맡으려고 하지 않는 태도를 말하는 것으로 예외를 인정하거나 상식을 생각하지 않는다. 주로 무사안일주의 서비스 업체에서 흔히 볼 수 있다.

- 로봇화(Robotism) : 제공되는 서비스가 정감이 없고 마치 기계처럼 응대하는 경우를 말한다. 주로 웃음기 없는 얼굴에 말도 없고 설령 인사를 하더라도 가식적으로 하는 것을 의미한다.
- 발뺌(runaround) : 고객들의 불평불만에 대응하지 않고 '나는 모릅니다', '글쎄요', '윗분에게 물어보세요'로 대하고, 때로는 고객의 잘못으로 돌리는 경우를 의미한다.

## 18 ②

반려동물의 문제행동 교정과정은 다음과 같다.
반려동물 문제행동의 선별 → 초기 목표의 수립 → 약화계획의 설계 → 반려동물 문제행동 유지 조건의 확인 → 반려동물 교정계획의 실행 → 반려동물 교정의 완료 및 추후의 평가

## 19 ③

폐쇄형 질문은 고정형 질문이라고도 하며, 응답의 대안을 제시하고 그 중 하나를 선택하게끔 하는 질문방식이다. 다시 말해 객관식 형태의 4지 선다, 5지 선다형의 질문형태를 말한다.

## 20 ①

MPT 회복 기법은 불만을 해결할 수 있는 사람을 찾고, 장소를 변경하고 시간적 여유를 제공하여 민원 응대에 긍정적인 효과를 주는 기법이다.

※ MPT 회복 기법
- man(사람) : 민원을 해결할 수 있는 권한이 높고 경험이 많은 책임자가 응대한다.
- place(장소) : 다른 고객이 불편함을 느끼지 않도록 편안하고 분리된 장소로 이동시킨다.
- time(시간) : 고객이 화를 진정할 수 있도록 일정 시간을 제공한다.